于小菓出品

编著——于进江

小点心 大文化

SMALL PASTRY
GREAT CULTURE

·桂林·

小吴心大文化

平凹题

前 言

【吃的艺术】

自古以来，中国人对饮食总是秉承着“民以食为天”的认知，关于吃的艺术也涵盖了不同的主题。其中内容最为丰富、历史最为悠久的莫过于点心。

千百年来，无论是寻常人家的团圆聚会，还是亲朋好友间的礼仪往来；无论是婚丧嫁娶中的待客之道，还是寻根问祖的祭祀之选，都离不开点心。丰富多彩的点心成了沟通人与人之间情感的纽带。讲述家家户户生活故事的典籍，构建了独具特色的中国传统文化体系。

【国的情怀】

如今，提到中式点心，很多人都不太明白中国传统节日里为什么总少不了点心；点心和节庆之间有怎样的联系；现在我们看到的点心，吃到的点心口味背后蕴含着怎样的历史渊源和礼仪习俗。这些疑问引发了中国著名艺术家、设计师、收藏家于进江先生的好奇。

仿佛是冥冥之中的注定，一次偶然的机缘，朋友从日本带回一份手信，那是一盒精美别致的传统和菓子，于进江先生瞬间被这样特别的礼物吸引住了。一块小小的点心承载着日本匠人的手作精神，深刻的图案寓意反映着日本文化的特质。这彻底激发了他探寻中国传统点心文化的决心。于是他开始思考中国5000年文明孕育下的中国传统点心有着怎样不为人知的故事；我们该如何还原中国传统点心背后的历史文化、生活习惯、风俗礼仪，以及如何用当代人易于接受的方式展现其魅力。

带着这样的思考，于进江先生用了四年时间，行程10万公里，从北京民风民俗的礼仪习惯到江浙地区的节庆糕点，从山西平遥的深宅大院到福建百年宗族祠堂，走访了各地区众多特色点心老店和传统风俗博物馆。同时，他还从全国各地收集到4000余块中国传统点心模具，这些模具从唐代到近现代，跨越千年，作为研究中国传统点心文化的素材。2017年国庆期间，于进江先生在北京798艺术区隆重举办了中国首次以当代艺术手法解读古代点心模具的艺术展览，赢得了各界名士的一致好评，也引起了文化界、艺术界、收藏界的高度关注，引发了中式点心行业的深度思考。

本书将于进江先生四年走访收藏的文化成果与798点心模具展访谈思想精华汇编在一起，并依据中国传统的二十四节气、七十二候文化对展览中的点心模具进行了一次创新性解读，结集成册与大家分享。

我们希望这本书的出版能够为我国文化复兴增添一抹创新的力量，给喜欢传统文化的读者带来不一样的阅读体验。同时，也让更多的当代人看到中式点心之美，感受中国点心文化中的美好寓意，品味中式点心的礼仪风范，让传统文化在小小的点心中薪火相传。我们更希望书中所收录的点心模具，能为中国点心文化的崛起和发展，带来有益的启发和借鉴，让中式点心走向世界。

Art of Diet

Since ancient times, the Chinese have always been adhering to the perception that "food is the paramount necessity of the people", leaving various topics about the art of diet. Thereinto, pastry is the richest in content with the longest history.

For hundreds of years, pastry has been a must for gatherings of common families and etiquette intercourses between relatives and friends; and for hospitality at weddings and funerals and ceremonies to worship the ancestors. The various kinds of pastries are an emotional bridge between people and a classic telling the stories of every family. It has created a unique Chinese traditional culture system.

Affection of the Country

When referring to Chinese pastry today, many people may wonder why it is always seen in traditional Chinese festivals? How is it linked with festivals and holidays? What are the historical origins and ritual custom behind the pastries we see and the flavors we eat today? All these questions have aroused the curiosity of Mr. Yu Jinjiang, a celebrated artist, designer and collector in China.

On an occasion as doomed, a souvenir was brought to Mr. Yu Jinjiang from Japan. The exquisite and unconventional box of "wagashi" (a traditional Japanese pastry) struck the attention of Mr. Yu immediately. The small piece of pastry carries the handcraft spirit of the Japanese craftsmen and the profound implications of the patterns reflect the characteristics of Japanese culture. He was drastically inspired to explore the culture of traditional Chinese pastry with resolution. Therefore, he began to reflect on what were the unknown stories about the traditional Chinese pastry cultivated by the 5,000−year civilization of the country, and how to restore the historical culture, living habits, and custom and rites behind as well as how to present its charm in the acceptable ways to the contemporaries.

With such questions in mind, he embarked on a four−year journey of 100,000km, visiting numerous special and old pastry stores and museums of traditional custom in different areas, and exploring the folk custom and etiquette habits in Beijing, festival pastries in Jiangsu and Zhejiang, compounds of connecting courtyards in Pingyao of Shanxi and ancestral halls a century old in Fujian. During the journey, he collected over 4,000 pieces of molds of traditional Chinese pastry throughout the country. The collection, covering a thousand years from the Tang Dynasty to the modern times, was the materials for his study of the traditional pastry culture in China. During the National Day in 2017, Mr. Yu held the country's first art exhibition interpreted ancient pastry molds with modern artistic methods in the 798 Art District in Beijing, winning extensive praises from celebrities in various fields, arousing great concerns in the circles of culture, art and collection, and triggering in−depth reflections in the industry of Chinese pastry.

The book, for the purpose of sharing, integrates the cultural achievements of his four−year collecting with the essence of the interview records about the mold exhibition in the 798 Art District and has an innovative interpretation of the exhibited molds based on the traditional Chinese culture of the Twenty−four Solar Terms and the Seventy−two Climates.

It is hoped that the publication of this book will make an innovative contribution to the cultural renaissance of our country and enable you, who are passionate about traditional culture, with a fresh reading experience. In addition, the book is expected to allow more contemporary people to realize the charm of Chinese pastry, identify the good messages included in the Chinese pastry culture, and feel the courtesy demeanors embodied by Chinese pastry, passing down our traditional culture through the pieces of pastries. Moreover, we wish the pastry molds included in this book can be a favorable enlightenment and reference for the rise and development of the Chinese pastry culture and bring the Chinese pastry to the world.

目录 *Contents*

于进江 *Jinjiang Yu*

祖籍山东，1975年生于河南周口

于小菓创始人／容与设计创始人／小罐茶联合创始人／灵山集团文化设计顾问

Ancestral home in Shandong, born in Zhoukou, Henan in 1975

Founder of Yuxiaoguo / Founder of the Volume and Vision/Co-founder of Xiao Guan Tea/Cultural design consultant of Lingshan Cultural Tourism Co., Ltd.

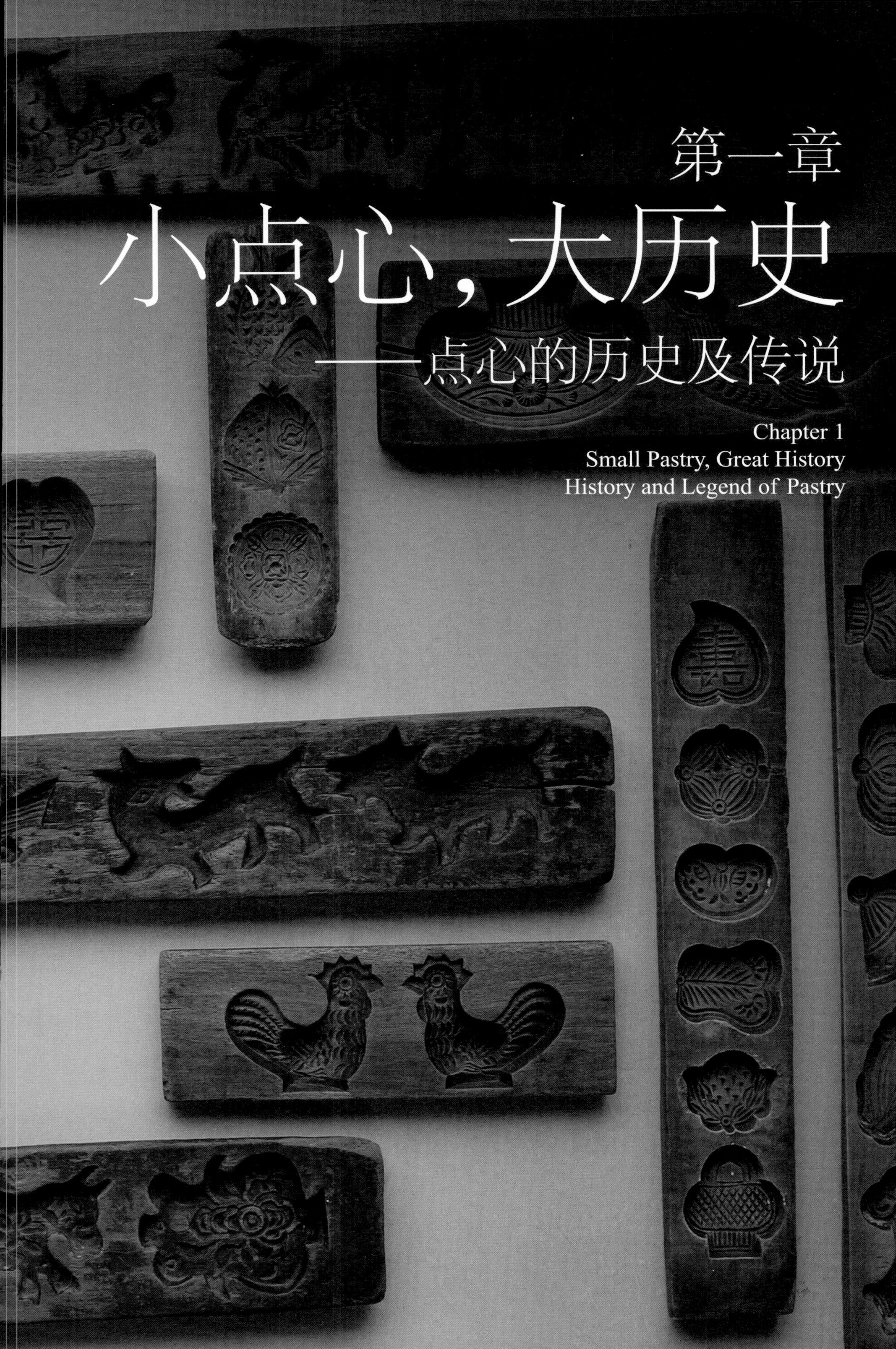

第一章

小点心，大历史

——点心的历史及传说

Chapter 1

Small Pastry, Great History

History and Legend of Pastry

点心传说

谈到中国的“点心”，有这样一个传说：

相传东晋时期一位大将军，看到战士们日夜血战沙场，英勇杀敌，屡建战功，甚为感动，于是传令烘制民间喜爱的美味糕饼，派人送往前线，慰劳将士，以表“点点心意”。自此以后，“点心”的名字便传开了，并一直传承至今。

现在的南京（古东晋都城建康），秦淮河畔、夫子庙旁的人们依然有吃点心、送点心的习惯。甜而不腻的梅花糕、软糯爽口的如意糕、碧色剔透的茶糕……遗憾的是，美味背后的礼仪和历史，却鲜为人知。

◀ 点心传说
（崔强绘）

点心历史

炎黄时期

——祭祀文化产生，为点心用于祭祀创造了精神内核

炎黄时期，祭祀文化产生。每年的收获时节，部落族群聚集在一起，篝火欢腾，拿出一年里种植收获最好的五谷祭祀神农大帝。寓意着上天赐予人们丰厚的收成，人们用五谷报答感恩。这样“礼尚往来”的习俗，甚至可以是说“华夏民族，礼仪之邦”精神核心的由来。后来，点心就演变成了这种精神的具象化“物件”。含蓄的中国人，用小小的点心祈求上苍，描绘美好，传递祝愿。

炎帝像 ▶

祭祀用的五谷 ▶

◀ 出土的新旧石器时代间蚌质穿孔装饰品，属当时的祭祀装饰物品（左图）

◀ 寝孳方鼎：此器系商王康丁赏赐给他的侄子寝孳，用于祭祀寝孳的父亲禀辛的宗庙彝器（右图）

夏朝

——手作祭祀品产生，为点心用于祭祀创设先驱

夏朝，中国史书上记载的第一个世袭制朝代，手作祭祀品产生。

考古发现，夏时期的文物中有一定数量的青铜和玉制的礼器，可见礼仪制度随着世袭制的产生，不断地发展完善，祭祀的物品从最初的五谷、牺牲等自然产物，向人工制造产物演变。现在的人们依然有祭祀祖先、祈寿增福的礼仪传统。所不同的是由模具制作完成、富有寓意的点心替代了最初工艺繁杂的人工铸造礼器，成了礼制祭拜中的重要角色。

商朝

——模具化生产方式出现，为模具应用于制作点心贡献了智慧

商朝占卜祭祀盛行，青铜器作为祭祀用品大量出现。考古发现青铜铸造以模范、失蜡法为主。原本工艺繁杂的青铜器通过标准的模范得以大量的复制和加工。可知在商朝，以模具来制造批量产品，已经成为生产力的重大突破。

由此，我们猜想祭祀中广泛使用的牛羊牺牲或是制作繁杂的祭祀物品，有可能也是采用了同样的“模具塑形方式”加工完成。这种模具加工生产方式的产生是中国文明进步的表现，也是中国饮食文化的一大创新与突破，充分彰显了中国古人的智慧。后来，模具在点心制作中的应用，便是这种生产方式的延展。

周朝

——和合文化萌芽，为点心用于伴手礼创造前提

周朝礼仪制度更加规范，周文王注重礼仪治国。周文王创《周易》，得太极八卦，探讨人与自然之间“和谐相处”的生存法则，可以说是人们对和合文化追求的萌芽。“和合”不仅仅是人与自然之间的和谐，还包含了人与人、人与家庭、人与社会之间的和谐。

在追求人与人的和谐礼仪上，孔子给我们做了极好的表率。

据传孔子当年为了向老子请教周礼，以大雁敬奉。用“雁行有序”象征着礼教，表示对老子的谦恭。老子知其意，说：“富贵者送人以财，仁人者送人以言。吾不能富贵，窃仁人之号，送子以言。”老子给孔子的回礼是一些教诲的言辞。由此可见，早在周朝“礼尚往来”的和合风范已经被高度重视。

千百年来，中国人始终信奉“以和为贵、和气生财、合家欢乐、和合统一”。后来，人们在重要的节日用点心祭祀祈福，就是追求人与上苍之间的“和合”，又用点心互表心意，就是在追求人与人之间的“和合”。

它不仅仅表现在与点心有关的仪式上，还被刻录在点心模具里。在我收集的模具中就有很多代表“和”的经典形象，如表达“阴阳平衡、和合统一”的八卦、祈祷“合家欢乐、福寿康宁”的和合二仙。

孔子拜老子的汉画像石拓印▶

孔子当年拜访老子时，手提礼物来表示对长者的问候，可见手信是中国自古以来访友邦客的必备品

◀ 现在依然流行在中国北方的馓子（左图）

◀ 以米作为点心制作的原料（右图）

春秋时期
——点心雏形出现

春秋时期人们已经开始追求食物的精细化制作。孔子所言“食不厌精，脍不厌细”就描绘了当时的情景。《楚辞·招魂》:“粔籹蜜饵，有怅惶些。”可见饮食精细化制作的产物。有学者认为，这种食物就是中式点心的雏形。至此，承载着祈求上苍赐福、传递祝愿心意的中式点心正式登上了历史舞台。

秦朝
——统一度量衡，为点心制作提供材料称量标准

秦统一六国，统一文字、货币、度量衡，使“标准化”成为社会物品流通的核心，为点心制作材料的度量提供了准则。此外，点心还被收入指导先秦国家行为准则的经典古籍《周礼·天官》:“笾人羞笾食，糗饵粉粢。”这里所说的糗就是指炒米粉或炒面。饵为糕饵或米饵的总称。粉粢是以米粉或米为原料制作的食品。这是在我国史料中第一次出现关于点心的记载。

拥有传统记忆的芝麻饼仍是现代人喜爱的面食之一 ▶

汉朝

——芝麻饼出现，养生符号为点心文化再添寓意

到了汉朝，张骞出使西域，引入了外来饮食文化，中式点心口味得到了历史性创新，深受老百姓喜欢的点心——中国最早的芝麻饼出现了。《释名》：“胡饼之作，胡麻着上。”胡麻指的就是芝麻，所以胡饼实际上就是芝麻饼。

汉朝中国人讲究等级和礼仪，大量出土的汉画像砖石上体现了礼仪待客、宴饮的场景。同时期，由于信奉长生，中国人对吃的养生要求达到了一个高潮。

中医药和道家修炼，给中式点心口味和寓意的创作提供了灵感。玉兔捣药的创作成为当时期重要的文化符号。后来在山西地区月饼模具上出现的玉兔捣药形象和这一时期的“长生”符号如出一辙。在中式点心纹样里窥见中国文化的缩影，让人不禁感叹中国文化经久不衰的魅力。

为了让人们更加直观地感受我国经典的养生文化和对健康长寿的祈愿，我复原了这块“玉兔捣药”月饼，尝试用经典的形象、美好的寓意、全新的口味，建立传统中式点心文化和现代人之间的连接。

三国时期
——点心喜饼立战功，替代牺牲成祭品

三国时，喜饼不仅仅可以“提亲”，还在战争中展现出了特殊的意义。

相传，孙权为夺取荆州，假意称愿将妹妹许配给刘备为妻。诸葛亮得知后，将计就计，命令能工巧匠制作小礼物作为送给东吴的“见面礼”。有位做了大半辈子糖食点心的匠人，做出一种配有龙凤图案的大喜饼，寓意龙凤相配、吉祥如意。这种喜饼立即被诸葛亮选中，令那位匠人制作一万个，让赵云带兵派送给南徐城里的各家各户，并编唱歌谣：“刘备东吴来成亲，龙凤喜饼是媒证。”可见，结婚送喜饼“提亲”的习俗，在我国有着悠久的历史。

此外，点心替代牺牲等“活物”用于祭祀，也与这一时期有关。

蜀汉建兴三年秋天，诸葛亮采取攻心战，七擒七纵收服了孟获后，班师回朝。大军行到泸水，忽然阴云密布，狂风大作，巨浪滔天，军队无法渡河。诸葛亮精通天文，但这突然的变化，使他也迷惑不解。他忙请教前来相送、对这一带地理气候非常了解的孟获。孟获说：“这里几年来一直打仗，很多士兵战死在这里，这些客死异乡的冤魂经常出来作怪，凡是要在这里渡水的，必须用 49 颗人头祭供。”诸葛亮想到这祭品用人头，代价也太大了。

◀ 诸葛亮像（左图）

◀ 古人常用带有龙凤呈祥图案的模具，寓意吉祥如意（右图）

“蛮头”是古代南方少数民族祭神用品，也是馒头的起源（左图）

东汉红陶庖厨俑，反映了古人的饮食生活（右图）

诸葛亮苦思冥想，终于想出一个用另一种物品替代人头的绝妙办法。他命令士兵杀牛宰羊，将牛羊肉斩成肉酱，拌成肉馅，在外面包上面粉，并做成人头模样，入笼屉蒸熟。这种祭品被称作“馒首”。诸葛亮将这肉与面粉做的馒首拿到泸水边，拜祭一番，然后一个个丢进泸水。受祭后的泸水顿时云开雾散，风平浪静，大军顺顺当当地渡了过去。从此以后，人们经常用馒首做供品进行各种祭祀。由于“首”和“头”同义，后来就把“馒首”称作“馒头”。这是点心替代活物祭祀品的最早记载。

后来，点心便广泛地应用于祭祀。我在山西地区搜集到了大量的牛羊主题的点心模具，印证了这个猜想。人们用模具做出牛羊形状的点心取代了宰杀牛羊祭祀的方式，这样既统一了造型，丰富了寓意，又使得人们在加工精美造型的食物中节约了时间。

魏晋南北朝时期

——羊羹始祖出现，至今在日本很流行

魏晋南北朝是中国历史上人口大迁移、大混杂的时期，以五胡（匈奴、鲜卑、氐、羯、羌）为代表的少数民族实现了与中原汉族之间交融。点心也在这种交融中呈现出新的面貌。羊羹配茶成为这个时期的特色点心。最早的羊羹是草原上的点心，用羊肉熬制成羹，冷却成冻以佐餐。魏晋南北朝时期宋毛脩之降魏后做的羊羹，称为“绝味”，魏太武帝食之，“大喜，以脩之为太官令”。

现在在日本较为流行的点心“羊羹”就来源于此。

最初，羊羹是一种加入羊肉煮成的羹汤，再冷却成冻佐餐。后来羊羹传至日本，是由镰仓时代至室町时代佛教的禅宗传入。由于僧侣戒律不能食荤，故羊羹慢慢演化成为一种以豆类制成的果冻形食品。此后，羊羹成了茶道中一种著名茶点，而日本人亦慢慢将羊羹发展和转化，变成今天多款不同口味的羊羹。

◀ 中国经典传统点心之一——羊羹

隋唐时期

——中式点心的代表“月饼”出现

“赍字五色饼”则是“刻木莲花，藕禽兽形按成之”，在饼的表面印有美观的花纹图案，这类似于今天糕点坊中使用模子的制作工艺。我们在一块1000多年前的唐代陶制点心模具上看到了它的真容——外围连珠纹，内嵌连理枝。无独有偶，这种连珠纹的形态，在唐代出土的绢布上同样可见，使我不禁感叹唐代流行纹样的美感。

“五福饼”也是一种类似点心的饼，其中有五种不同的馅料，这种糕点的形式已经与今天没有两样。被称为日本最古老的点心——清净欢喜团，也是在这个时期由遣唐使带回日本。繁盛的大唐文化随着象征团团圆圆的中式点心，一同传播到日本，影响了日本饮食、建筑、礼仪等诸多方面。

同时期，八月十五吃“饼”的习俗也出现了。日本僧人圆仁《入唐求法巡礼行记》中曾记述，八月十五这天，“寺家设馎饦、饼食等”。繁华浪漫的唐朝还产生了很多关于月饼的传说。

相传唐玄宗与申天师及道士鸿都中秋望月，玄宗突然兴起游月宫之念，天师于是作法，三人一起步上青云，漫游月宫。但宫前守卫森严，无法进入，只能在外俯瞰长安皇城。在此之际，忽闻仙声阵阵，清丽奇绝，宛转动人。玄宗素来熟通音律，于是默记心中。这正是“此曲只应天上有，人间能得几回闻！”日后玄宗回忆月宫仙娥的音乐歌声，自己又谱曲编舞，这便是历史上有名的《霓裳羽衣曲》。

在我搜集的月饼模具中，就有描绘玄宗游月典故的题材。一块小小的点心暗含着丰富多彩的故事，为古人平实的生活增添了无限美好的想象。

另外值得一提的是，点心在唐代已经作为商品生产。唐代时，糕点铺已经出现，制作技术也在逐步提高。点心商品形态的出现，对批量化生产要求更高，可以推测模具在此时期已经大量出现。据文献记载，在长安就有糕点铺，并且还有专业的“饼师”。当时白居易的诗歌中就有关于糕点的诗句：“胡麻饼样学京都，面脆油香新出炉。寄与饥馋杨大使，尝看得似辅兴无。”

于小菓重新复刻的花想容月饼系列，将唐代点心的优雅展现得淋漓尽致（左图）

精美的祈福饼，到现在依然受到人们的喜爱（右图）

宋朝
——点心层出不穷，美味馋徽宗

到了宋朝，雅韵精致的宋朝人，创造了点心的更多可能。水晶皂儿、紫苏膏、高丽栗糕、雪花酥、狮蛮重阳糕等好听又好吃的点心在这个朝代层出不穷。

水晶皂儿

水晶皂儿实际上就是糖浸槐豆。槐豆就是国槐树（当时没有洋槐树）的果实，因为槐豆呈碱性，古时捣烂了可以洗衣服，所以叫皂儿。槐豆煮熟了可以食用。北宋庄绰《鸡肋编》："京师取皂荚子仁煮过，以糖水浸食，谓之水晶皂儿。"水晶皂儿就是槐豆煮熟以后，用糖水浸泡而成。

紫苏膏

紫苏膏就是将紫苏、肉桂、陈皮、良姜、甘草等磨成粉，加水煮沸，加入熟蜜，慢火熬成膏。它既是小吃甜点，又是药物，可以治疗消化不良。可见药食同源的思想，始终贯穿于中式点心的制作当中。

高丽栗糕

据《事林广记》记载，高丽栗糕以栗子不计多少，阴干去壳，捣罗为面，三分之一加糯米粉和匀，以蜜水拌润，入甑蒸熟食用。当时的糕类甜点，一般是用米粉做的。现在，我们做糕类仍沿袭古法，也多是用米粉。

雪花酥

吴氏《中馈录》："油下小锅化开，滤过，将炒面随手下，搅匀，不稀不稠，掇锅离火。洒白糖末下在炒面内，搅匀，和成一处。上案擀开，切象眼块。"意即：将油在小锅中化开，将炒过的面粉放进去，搅匀，到不稀不稠的时候，拿锅离开火，撒上白糖末，搅匀。在案上擀开，切成象眼一样的块。因为颜色白如雪，所以叫雪花酥。

狮蛮重阳糕

《东京梦华录·重阳》："前一二日，各以粉面蒸糕遗送，上插剪彩小旗，掺饤果实，如石榴子、栗子黄、银杏、松子之肉类。又以粉作狮子蛮王之状，置于糕上，谓之狮蛮。"意即：重阳节前一两天，用粉、面蒸糕，上面插上小彩旗，嵌上果实，像石榴子、栗子黄、银杏、松子之类。还有的上面嵌上猪牛羊肉丝。用粉做一只狮子蛮王的形状。现在有的地方在重阳节时还流行做狮蛮重阳糕。各种干果香味丰富，甜丝可口，老少皆宜。

宋代点心精美诱人，让宋徽宗都欲罢不能。相传有一次宋徽宗微服私访，看到一种小饼忍不住想品尝一口，身上没有钱币，又不忍错过令人垂涎欲滴的美食，于是用一枚价值连城的金币在街市上换了一小块点心。

于小菓研发的团花纹福饼系列 ▶

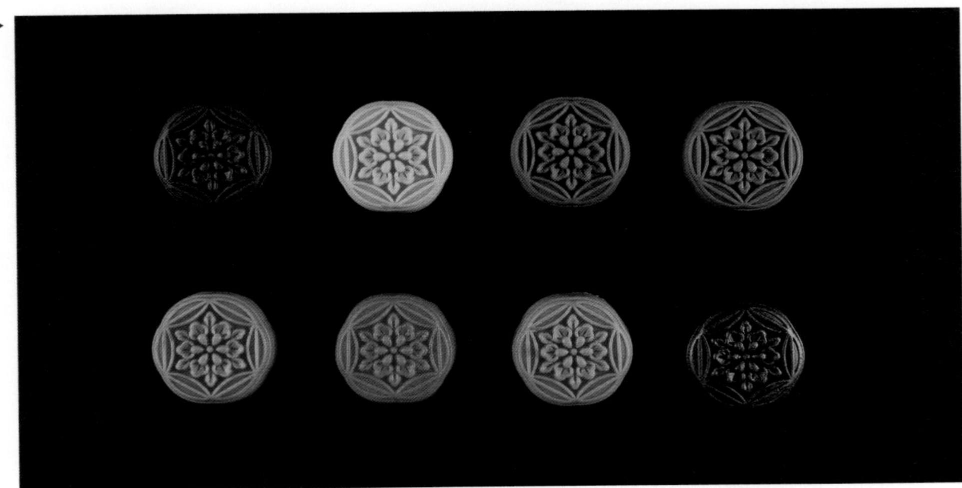

狮子为古代中国人民心目中的瑞兽。用在各种装饰物或点心上，有祥瑞的寓意，也是地位、身份的象征 ▶

◀ 西域饮食文化中的冻奶酪

元朝

——点心凸显民族特色，冻奶酪流入外国

元朝伴随着蒙古统治者的南征北战，少数民族糕点也流入中原，其中不乏一些游牧民族常用的奶原料。元世祖定都北京（元大都）后，市面上出现了以蒙古饽饽为主的民族食品。经营这种食品的店铺被称为鞑子饽饽铺。如奶皮的自来红则有很强的民族特色。

元朝商人在冰中加上蜜糖和珍珠粉，加以搅拌，淋上各式蜜豆汤，制成别致的点心——冻奶酪。元忽必烈时，开始生产冻奶酪，为了保守制作工艺的秘密，还颁布了一道除皇室外禁止制造冻奶酪的敕令。直到 13 世纪意大利旅行家马可 · 波罗离开中国时，才把冻奶酪的制作方法带到意大利，最后演变成了冰淇淋。马可 · 波罗在《东方见闻》一书中说：“东方的黄金国里，居民们喜欢吃奶冰。”

明朝

——点心祭月成为时尚，苏式点心极大发展

明朝十分注重仪式感，中秋祭月成为社会主流。

沈榜《宛署杂记·民风》“八月馈月饼”条目：“士庶家俱以是月造面饼相遗，大小不等，呼为月饼。市肆至以果为馅，巧名异状，有一饼值数百钱者。”田汝成在《西湖游览志馀·熙朝乐事》一书中写道：“八月十五日谓之中秋，民间以月饼相遗，取团圆之义。是夕，人家有赏月之燕。”

苏式点心在这一时期得到了极大的发展。据记载，其著名品种就有枣泥麻饼、月饼、巧果、松花饼、盘香饼、棋子饼、香脆饼、薄脆饼、油酥饺、粉糕、马蹄糕、雪糕、花糕、蜂糕、百果蜜糕、脂油糕、云片糕、火炙糕、定胜（定榫）糕、年糕、乌米糕、三层玉带糕等。

清朝

——满汉结合，西点东渐

清朝，在点心制作方法上结合了满汉民族的制作技法，出现了京八件、萨其马等新糕点。清御膳房还设有专门的饼师，皇帝常以点心赏赐大臣，民间也用点心作为礼品互赠。大户人家都要雕刻专属的点心模具，用于祭拜、嫁娶、庆典等各个重要的日子里。在民间走访中，我便寻到了这样一块精致的清代点心模具。

这一件模具发现于我国晋南地区。晋南史称平阳，有着五千年的文明史，自古以来社会经济十分发达，文化底蕴非常深厚。往往越是富裕之地，对饮食越为考究。精致细腻的雕刻纹样，昭示了主家的深厚资产和社会地位。在纹样的内容上，虽然以常见的“月中仙桂”为主题，但是在元素的特性上，则有一种典型的“晋南氛围”——广寒宫被描绘成院落之形，庭院深深有一种晋商大院的浑厚气势。规整的棱形地砖，寓意着生意平顺，家族安康。这体现了富庶人家的生活状态。玉兔捣药象征着对长者康健的祈愿，官人折桂象征着子孙及第的追求。

这款模具打制的月饼以祭祀为主，先祭祀祈福，再举家团圆共食。既是对先人的追思，也是对团圆的祈愿。遥想当年，一家老小，在中秋佳节、月圆之日焚香祝祷，惩诫祖训，最小的孩子尚在乳母的怀里，虽然不懂大人们所为何事，但是分食的月饼味道，和嫦娥奔月的故事却就此留存在了记忆里。中国人的文化，就是在普通人家看似寻常的时光中，代代相传，绵延不绝。

2017年中秋，我复刻了这一块清代的中秋月饼模具，并和国内药膳大师一起，从乾隆钟爱的“八珍”口味中找到灵感，研发了更符合现代人口味的养生月饼馅料，用复刻的模具将之制成月饼，取名为“月中仙桂”，祈愿中秋，祝祷安康。

◀ 从乾隆时期模具中复刻出来的硅胶月饼模型

近现代

时代更迭，中国历史文化依然在点心上雕刻着痕迹。大丰收、合作社、抗美援朝等时代题材，都透过一块点心模具表现得淋漓尽致。

一块点心就是一个时代历史的缩影。
我搜集挖掘中式点心模具便是对历史文化的梳理和再现。仰观历史，上察先民，承古人智慧，传礼仪典。这也是我对于中式点心的初心。

从祭祀上苍的五谷，到尊师敬道的手礼；从最初的粗茶淡饭，到精致的手作点心。点心的演变史，就是中国传统文化的演变史。有礼有节，敬奉心意。中式点心因礼而生，因心相承。在寻常中的仪式感增添了人们对美好生活的期待，也丰富了人们对家的记忆。点心——成了连接人与人，心和心，过去和现在的文化纽带。手作的体验、味蕾的享受、同食的喜悦、馈赠的情谊，融合成带有温度的、历史悠久的中式点心文化，并在遗留的模具上讲述着故事，传递着感动。

从清代宫廷传承至今的民间点心"京八件" ▶

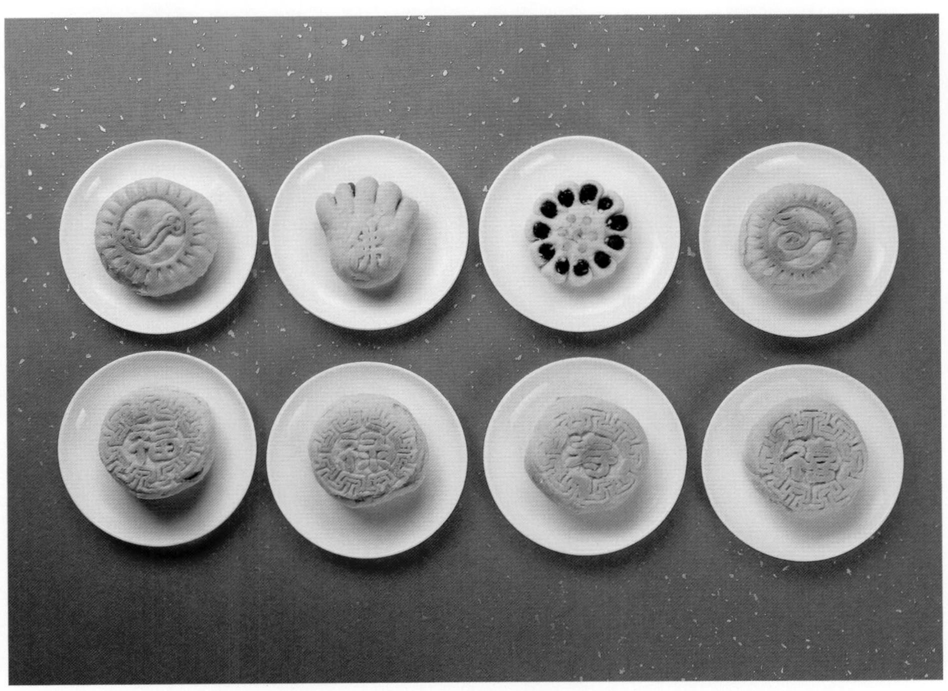

第二章
小口味，大不同
——深藏在中式点心中的味道记忆

Chapter 2
Tiny Flavor, Big Difference.
The Memory of Flavor Hidden in Chinese Pastry

民以食为天，人们对口味有着纷繁的记忆。无论是南甜北咸的口味之争，还是川味湘味的辣道之别，味道的不同映射着“一方水土养一方人”的自然孕育法则，也承载着每个人心中不同的味蕾故事。而中式点心，就是这故事的讲述者，千百年来包罗万象，传承至今。

点心的地域风情

点心的口味在不同地域形成了不同的风格和浓厚的特色。

在传统意义上大致分为京式、苏式、广式、扬式、闽式、潮式、宁绍式、川式、高桥式，等等。虽选材不同，手艺不一，但坚持的都是对记忆里味道的追寻和对现代人味蕾的满足。或用于祭祖、祝寿、喜礼、茶席。值得庆幸的是，不管是哪一种口味风格，都有着各自发展沿袭的道路。纵然受到多重文化的冲击，中式点心依然在中国人的生活中占据着十分重要的地位。

今天，我们就点心制作中较具影响力的京式、苏式、广式三大传统点心口味风格进行探寻。

京式点心

京式点心泛指黄河以北的大部分地区（涵盖了山东、华北、东北），以北京为代表的地域性点心。雄壮奔腾的黄河之水，和气势恢弘的北方沃土，培育了中国优质的小麦，也衍生了兼容并蓄的点心文化。历史的变迁和朝代的更迭，使京式点心容纳了全国各地的传统点心文化。根植于都城成长起来的京式点心，涵盖了传统文化内涵，汇聚了精湛的手作技艺，形成了独具一格的口味风格。京式点心自然就成为中式点心的集大成者，自带有博大精深的文化气魄和魅力。

京式点心在明清时期逐渐演化定型，除了本身聚合的北味风格，在明朝从南京迁都北京后，带来了南味点心，其店铺称为“南果铺”。清朝以后，为了符合更多不同民族的口味，京式点心又融入了满族、汉族、蒙古族、回族等民族的点心制作工艺，最终成为由汉族、少数民族、宫廷、官府、市井等多种风味组合而成的综合性点心风格。

京式点心中不能不提的就是享誉全国的老北京“京八件”了。

“京八件”是盛于八只盘中八种点心的泛称，起源于明朝中晚期，讲究造型精美，最初作为贡品出现在清宫的宫廷典礼中。皇家的点心自然都有着极好的选材和丰富的寓意。配料主要以枣泥、核桃、青梅、豆沙、红糖、椒盐、玫瑰、葡萄干等多种养生食材为主。做成扁圆、扇形、如意、仙桃、多角、银锭、石榴、方胜等多种吉祥造型，寓意福、寿、康、宁、禧、禄、财、运。

除了用料的讲究，还有皇室手艺的精湛。作为清朝皇室王族婚丧典礼及日常生活中必不可少的礼品，“京八件”自然是集中体现了当时最好的师傅手艺和最精致的用心。精美的造型、精湛的手艺、丰富的寓意，一方小小的点心，记载了百年间的盛世华章。

清朝末年，时局动荡，点心制作配方由御膳房传到民间，“京八件”始为民间所享。人们拜访长辈、走亲访友时，都要去点心铺买一盒京八件菓子，以表心意。至于自家的选用，节俭朴素的人家，只有过年过节时才会买来一些和家人分享。可见，点心既是礼仪的象征，也是寻常百姓生活中十分金贵的食物。

热闹的老北京市井 ▶

苏式点心

与京式点心不同，苏式点心口味的发展时间更长，积淀的内容自然更为丰富。

苏式点心在中式传统点心发展史上占有非常重要的地位。苏式点心是指长江流域下游地区苏浙一带，以江苏苏州地区为代表的点心。吴侬软语里，小桥流水上，亭台楼阁内，曲转回肠间，孕育了别具自然风味和历史人文特色的点心文化。

据考，苏式点心萌芽于春秋时期。隋统一中国后，得天独厚的地理位置，丰富的物产资源，使苏式点心得到了平稳发展，在魏晋南北朝时期形成了独特的地域性口味风格。到了宋朝，苏式点心已经基本成型，种类越加丰富，造型越加精美，出现了炙、烙、炸、蒸等不同种类的点心，制作工艺有酥皮摺迭、生物发酵、浆皮松酥、松糕揉韧、包馅成形等。

在食材选择上，苏式点心多用果仁、猪板油丁，桂花、玫瑰调香，口味重甜，讲究多种配料搭配使用，追求柔和细腻的口感。如雅致风韵的江南人一样，苏式点心也少不了精致的外形与细腻的口感。酥脆绽放的苏式月饼、雕刻细腻的龙凤年糕、层层叠叠的荷花酥、芳香四溢的海棠糕，依据时令，赋予了独特的文化气息。苏式点心更注重寓意的表达，模具中常有“一鸣惊人、父子同科、平升三级、麒麟送子、多宝纹样、狮子滚绣球”等不同题材，既有民俗寓意，又赋有文雅气质。每块点心如同苏作的手工艺品，外形让人惊艳不已，口味更是将新鲜食材与季节更替、时令变化结合得相得益彰，最终形成了闲情雅致的苏式点心口味风格。

◀ 海棠糕，因形似海棠花而得名，江南著名风味点心之一

广式点心

自古以来，广州就是一个重要港口和贸易城市，广式点心以广州为基础，依托繁忙的商务和市井生活，加上中原人南迁，客家人带去的点心文化，凭借对饮食和健康的追寻，最终形成了独具特色的岭南风味。从北到南，点心文化落在了海风轻抚的南海海畔，又绽放出了不一样的风采。

广式点心是指珠江流域及南部沿海地区制作的点心，属于广东地区特产，以广州地区为代表。早在唐宋时期，广式点心就已天下闻名，明清时期有了进一步发展，到了清末民国时期，“食在广州”的民谚口口相传。

广式点心主要特点是用料精博，品种繁多，款式新颖，口味清新，制作精细，咸甜兼备。馅料多用榄仁、椰丝、莲蓉、糖渍肥膘，重糖、重油，遵循就地取材的选料原则，从而形成独特的岭南风味。

广式点心与广东的饮茶文化密不可分，是广东传统饮食文化中浓墨重彩的一笔。广东人吃茶，就像北方人喝酒一样与日常生活不可分离。吃茶自然要配上合适的点心，这是中国人传承千百年的生活习惯。但如今随着生活节奏的加快，很多人遗忘了品茶吃点心的闲情逸致，而广东人则保留了这一习惯，“广式生活”成了中国点心文化生活方式的一种范本。

现在流行在广州地区的鲍鱼酥和广式黄金糕 ▶

我们希望未来有越来越多的人找回这种“自在生活”的记忆，在点心与茶的悠然品味间悟到先人传承下来的关于食物与生活之间的真谛。

点心的时代风味

通过从北到南的探访，对各地点心的品尝，我们发现，随着时代的发展，点心的传统口味已不能满足现代人的需求。“重油重糖、块大量足”的传统点心，在物资匮乏的过去满足了人们对美好味觉的向往，成为一种稀缺的食物，让很多人垂涎欲滴。而如今传统点心的做法，却让现代人因为考虑到健康问题和生活方式的改变，成为不想去吃的理由。不过好在“变通、顺势”是藏在点心生命中的智慧。凭借着这种生命力，现代的中式点心开始有了新的思考和践行。

顺时而生，应节而成

随着生活水平的提高，越来越多的人关注健康养生饮食。很多人认为中国的点心多糖重油，不太健康。其实自古以来，中国人对于健康饮食都有自己独到的见解。

古人把二十四节气，分列在十二个月当中，以对应当时的四季、气温、物候等自然情况。二十四节气就是古代劳动人民纵观节气时令变化，探寻生命与自然之间关系的积累和智慧的结晶。

依据二十四节气，古人发现不同的节气对应不同的身体状态，而应补充应季的养生食材。比如立春时吃新鲜的蔬菜，夏季瓜果纳凉，秋季要进补吃梨子润肺，冬至进补吃温补的食物。同样，按节气吃点心也不例外。

现代人因为居住条件的变化和生活方式的改变，往往忽略了因节气而吃对应的点心的习惯。把传统的物产结合不同的时间段做成点心进行调养，有着惊人的滋补的效果，如清明的青团、端午的粽子、中秋的月饼。

顺应自然规律，进食不同的点心食物。中国人把一块小小的点心吃到了极致，在全球餐饮文化中，这也是独树一帜的。

香

敬奉五谷，杂粮养生

如今，中国人做点心习惯用面粉做基础材料，精细的面粉带给人饱腹感和良好的口感。但是，从养生角度或口感丰富度上，则显得点心没有太大的特色。

如何选用食材，做出一种让现代人喜欢的中式点心呢？

探寻中国古代历史，我们发现了五谷。五谷最初用以祭祀。中国人认为五谷指稻、黍、稷、麦、菽，这五种谷物养育了华夏民族千百年的文明。五谷的种植可追溯到炎黄时期。据传说，炎帝教授人们种植之法，而被称为五谷神农大帝。其后的几千年，五谷都占据了非常重要的地位。在农耕文化里，人们常常祈盼五谷丰登，以五谷的收获，代表着生活的富足和喜悦。

但在现代人的餐桌上，却越来越少地看到这些谷类的身影了。事实上，五谷不仅仅富含营养，而且口感丰富。精细化处理之后的五谷，更符合注重健康养生的现代人的需求。

所以，在创新中式点心时，根据节令，配合五谷食材，用其风味色彩来制作和加工的点心，既能够以食材的色彩来丰富中式点心的视觉，又能够给大家带来丰富的口感与健康的价值。粗粮细作，杂粮巧作，创新点心外观，少油低糖，馅料口感更自然，风味独特，营养丰富，老少皆宜。中式点心配合五谷，一定会成为现代人更好的选择。

致敬传统，重现精髓

传承是创新的根基。口味的流失有些是时代的更迭所致，有些是传承的缺失所致。在走访了从北到南十余个省份，拜访上百位点心匠人之后，我们发现传承点心口味的精髓与创新口味同等重要。

在现代社会，传统的点心因为口味和外形不足，正在面临西式点心的冲击。喜爱中国传统点心的人群大多为老人，传统中式点心始终无法吸引太多年轻人的目光，越来越多的经典口味面临失传。

我们在整理研究中式点心模具的时候发现，中国传统点心充满了文化的魅力。如何复原文化，复活一个时代鲜明的记忆，驱使着我们去传承和创新点心的味道。我们相信在不久的将来，新中式点心将以其独特的口味，会八方来客，宴海内知己，在世界各地纷繁多样的美味之中，散发自己的光辉。创新中式点心，让中式点心走向世界。

如何创新出大家喜欢的中式点心，传承古法技艺和创新一样重要。中式点心利用传统的食材配料，加上现代低糖、低油的制作方法，使之有更大的突破。但是中国点心的造型之美，寓意之广，依然也是中国点心的痛点。

第三章
小心意，大情谊
——中式点心里的节日习俗、庆典礼仪

Chapter 3
Small Thought , Great Friendship
Festival Customs Celebration Etiquette of Chinese Pastry

小心意，大情谊
Small Thoughts, Great Friendship

华夏民族，礼仪之邦。以礼尚往来为本，以家族同庆为由，衍生了我国众多特有的传统节日，千百年来代代相传，成为中国传统文化中的鲜明特征。从最初犒赏军队的“点点心意”到后来的“礼尚往来”，点心始终扮演着重要的角色。糖的甜蜜，形的寓意，含蓄的古人往往把深切的情谊融入点心里，承载着最真切的祝福和期盼。

无论是串联情感还是同享喜庆，再或是祈福生活，每个传统节日和习俗中都或多或少地涵盖了点心的内容。在走访中，点心背后的礼仪习俗、社会功能也渐渐浮现。

清道光二十八年所立《马神庙糖饼行行规碑》中规定，满洲饽饽是“国家供享，神祇、祭祀、宗庙及内廷殿试、外藩筵宴，又如佛前供素，乃旗民僧道所必用，喜筵桌张，凡冠婚丧祭而不可无，其用亦大矣”。

◀ 西王母汉画像石拓印

至今汉画像石历史里依然保留着制作长生不老点心供奉给西王母的习俗

传统模具中翻制出来的鱼形点心和多宝年糕 ▶

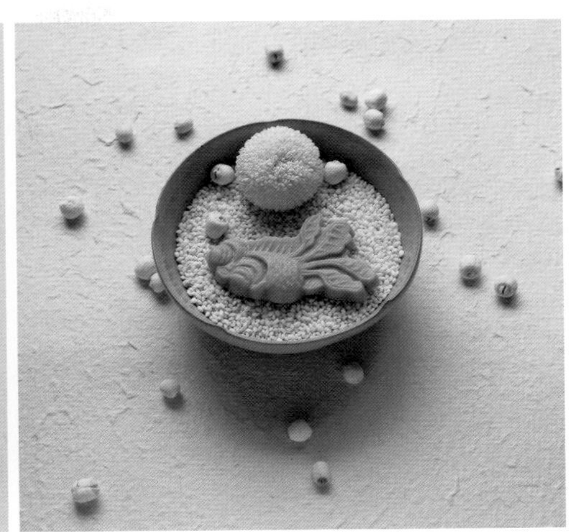

用于岁时佳节

春节：年糕

习俗：南方春节食用年糕

寓意：步步升高

稻谷的种植为年糕的出现创造了前提。早在汉代，人们对米糕就有“稻饼”“饵”“糍”等多种称呼。如汉代许慎在《说文解字》中说：“饼，以粉及面为薄饵也。”最早的年糕是用于祭祀的，在大年夜祭拜神灵，在岁朝供奉祖先，到后来才成为春节应景的食物，岁岁寄托着美好的希望，寓意生活步步升高。

传说：伍子胥城下埋食物救百姓

关于年糕的由来还有这样一个传说：春秋战国时期，楚国大夫伍子胥，为报父仇投奔吴国，意欲借兵伐楚。但吴王不同意，伍子胥便杀了吴王，率兵攻破了楚国京城郢都，另立新吴王即位，伍子胥也受封申地。为了防止敌人入侵，伍子胥带人修筑了著名的阖闾城。城修好后，他对心腹说：“我死后，如果国家遭难，人民受饥，可在城门下掘土数尺，自可找到食物。”不久，伍子胥遭陷，自杀身亡，越国乘机伐吴，战事连绵，申地饿殍遍野。危难时，有人想起了伍子胥生前的嘱咐，于是暗中拆城墙挖地。原来城基是用糯米制成的砖石，人们用它制成一种食物，渡过了难关。这种食物就是后来所说的年糕。此后，人们在腊月里用糯米制成年糕，祭祀伍子胥，同时也取“年年岁岁、步步登高”的吉祥之意。

元宵节：汤圆（元宵）

习俗：家家户户吃汤圆

农历正月十五，是我国民间传统的元宵节，又称上元节、灯节。元宵节起源于汉代，据说是汉文帝时为纪念平吕而设。元宵即圆子，用糯米粉做成实心的或带馅的圆子，可带汤吃，也可炒吃、蒸吃。

寓意：合家欢乐 团团圆圆

传说：东方朔与元宵姑娘

相传汉武帝有个宠臣名叫东方朔，他善良又风趣。有一年冬天，下了几天大雪，东方朔就到御花园去给武帝折梅花。刚进园门，就发现有个宫女泪流满面准备投井。东方朔慌忙上前搭救，并问明她要自杀的原因。原来，这个宫女名叫元宵，家里还有双亲和一个妹妹。自从她进宫以后，就再也无缘和家人见面。每年到了腊尽春来的时节，就比平常更加思念家人，觉得不能在双亲跟前尽孝，不如一死了之。东方朔听了她的遭遇，深表同情，就向她保证，一定设法让她和家人团聚。

一天，东方朔出宫在长安街上摆了一个占卜摊，不少人都争着向他占卜求卦。不料，每个人所占所求，都是“正月十六火焚身”的签语。一时间，长安城里引起了很大恐慌，人们纷纷求问解灾的办法。东方朔就说：“正月十三日傍晚，火神君会派一位赤衣神女下凡查访，她就是奉旨烧长安的使者，我把抄录的偈语给你们，可让当今天子想想办法。”说完，便扔下一张红帖，扬长而去。人们拿起红帖，赶紧送到皇宫去禀报皇上。

汉武帝接过来一看，只见上面写着：“长安在劫，火焚帝阙，十五天火，焰红宵夜。”他心中大惊，连忙请来了足智多谋的东方朔。东方朔假装想了一想，就说：“听说火神君最爱吃汤圆，宫中的元宵不是经常给你做汤圆吗？十五晚上可让元宵做好汤圆，万岁焚香上供，传令京城家家都做汤圆，一齐敬奉火神君。再传谕臣民一起在十五晚上挂灯，满城点鞭炮、放烟火，好像满城大火，这样就可以瞒过玉帝了。此外，通知城外百姓，十五晚上进城观灯，杂在人群中消灾解难。”武帝听后，十分高兴，就传旨照东方朔的办法去做。

到了正月十五这天，长安城里张灯结彩，游人熙来攘往，热闹非常。宫女元宵的父母也带着妹妹进城观灯。当他们看到写有“元宵”字样的大宫灯时，惊喜地高喊：“元宵！元宵！”元宵听到喊声，终于和家里的亲人团聚了。

如此热闹了一夜，长安城果然平安无事，汉武帝大喜，下令以后每到正月十五都做汤圆供火神君，全城挂灯放烟火。因为元宵做的汤圆最好，人们就把汤圆叫元宵，这天叫作元宵节。

每逢正月十五元宵节必不可少的明星食品——汤圆 ▶

端午节：粽子

习俗：吃粽子

寓意：驱害避祸，祈求健康

传说：屈原投江

屈原投江自尽之后，楚国人十分哀痛，跑到江边，开始打捞屈原的尸体。人们为了不让屈原的遗体被鱼吃掉，纷纷用竹筒装米向江里面投。相传又有位老医师自己拿来一坛雄黄酒倒进江里，说是水蛟龙水兽，用药可以药晕它，这样就可以避免它伤害屈大夫。而后来人们担心投入江中的饭团被蛟龙所食，于是想出用楝树叶包饭，外缠彩丝，最后发展成了粽子。自古至今，吃粽子和赠粽子一直是人们端午走亲访友的一大习俗，寓意着驱害避祸、祈求健康。

◀ 粽子是汉文化圈国家传统节庆食物之一，也是中国历史文化积淀最深厚的传统食品之一

中秋节：月饼

习俗：赏月 团圆 吃月饼

中秋节吃月饼的习俗最早源于明代。明代注重礼仪之式，所祭月之物必圆，月饼就成了首选。中秋之夜，人们仰望如玉如盘的明月，自然会期盼家人团聚。远在他乡的游子，也借此寄托自己对故乡和亲人的思念之情。中秋送礼习俗颇多，礼品大多为月饼。在山东泰安还有八月十五看闺女的习俗，节前家家户户买上月饼、鲤鱼之类的礼物，挑担、骑驴、坐车，去看望自家已出嫁的闺女。对于新嫁女，娘家送礼更为隆重。在浙江乌青，有新嫁女的人家要以盘或箱盛月饼，送至女儿家，叫作“致秋节”。

传说：贵妃赐名

在古代，人们在中秋拜月神的时候，把月饼当作供品，不过那时的月饼叫小饼、宫饼、团圆饼，但不叫月饼。

到了汉代，朝廷派张骞出使西域，他带回了芝麻和胡桃，于是就有了用胡桃仁做馅的圆形饼，叫作“胡饼”。

唐代时，据说有一年中秋，当月亮升起的时候，唐太宗和杨贵妃在皎洁的月光下一起赏月吃胡饼。吃着吃着，唐太宗突然说：“这胡饼名字太过难听，爱妃是否有好主意啊？”在一旁的杨贵妃为了讨皇上欢心，望了望天上的明月，随口回答说：“那就把它叫作月饼吧！”

从此，“月饼”的名称便在民间逐渐流传开来。

月饼是古代中秋祭拜月神的供品，象征着团圆，也是中秋佳节必食之品 ▶

◀ 在重阳节时经常用到的“祝寿”题材点心模具，寓意长寿平安

重阳节：桂花糕

习俗：登高 驱害 插茱萸 吃重阳糕

《易经》将“九”定为阳数，两九相重，故农历九月初九为“重阳”。据史料记载，重阳糕，又称“花糕”“发糕”或“菊糕”，是用发面做成的糕点，辅料有枣子、杏仁、松子、栗子，属于甜品，也有加肉做成咸味的。讲究些的做成宝塔状、九层，上面再做两只小羊，以合“重九”“重阳（羊）”之俗。

约自宋代起，重阳节食重阳糕的习俗正式见于典籍，如吴自牧《梦粱录》卷五记临安重九之俗：“此日都人店肆以糖面蒸糕……插小彩旗，名‘重阳糕’。”其后如明刘侗、于奕正《帝京景物略》卷二亦载北京重九之俗：“糕肆标纸彩旗，曰‘花糕旗’。”这种插小旗于花糕上的传统，迄今不改。

寓意：祛邪避灾，老人长寿

为什么重阳节流行吃重阳糕，民间流行的有四种说法：一种是祛邪避灾。明人谢肇淛在《五杂组》中写道“九月九日天明时，以片糕搭儿女头额”，可迎福接吉，消灾避邪。二是“登高”之意，以“吃糕”代替“登高”。三是敬老之举，江南流行一句话：“重阳不吃糕，老来与人告。”四是祝福之意，“重阳吃糕，百事俱高”。

重阳糕不仅自家食用，还馈送亲友，称“送糕”；又请出嫁女儿回家食糕，称“迎宁”。

传说：武则天令宫女采百花做花糕（重阳糕）

唐武则天曾在重阳时，令宫女广采百花，和米捣碎，蒸制花糕（如菊花糕、桂花糕等），用以赐赏众臣，以笼络人心。据载：“京师重阳花糕极胜。有油糖果炉作者，有发面垒果蒸成者，有江米黄米捣成者。小儿辈又以酸枣捣糕、火炙脆枣、糖拌果干、线穿山楂，绕街卖之。”

其 他

另外根据季节时令，中式点心做得应时应节，花样繁多，富含寓意。春天（农历二月）做太阳糕；四月玫瑰开花时做玫瑰饼；初夏（五月）做五毒饼和粽子；七月至八月做绿豆糕、水晶糕、豌豆黄；秋天做月饼和花糕；冬季做槽糕、油糕；腊月二十祭灶，制售桂花板糕，兼卖关东糖、蜜供、糖瓜。将时节、材料、习俗紧密地结合在一起。

绿豆糕、豌豆黄、玫瑰饼、糖瓜，都是常见的传统时令点心

◀ 过去嫁娶等喜庆节日常用的龙凤喜饼模具(左图)

◀ 多种花卉聚集的多宝形点心模具(右图)

用于婚丧喜庆

潮州：粿品

在广东潮州地区喜庆、拜神、祭祀都要用到大量的粿品，形状和颜色也很讲究。

北京：龙凤饼、百合酥、鸳鸯饺、花卉点心

旧时京城满汉居民娶媳妇办喜事要“放锭过礼”，结婚宴会上，配上鸳鸯饺、百合酥、花卉点心、鸳鸯酥盒、莲心酥、鸳鸯包、子孙饺等，寓意着花好月圆，百年好合。

相传三国时期，孙权为夺取荆州，假意称愿将妹妹许配给刘备为妻。诸葛亮得知后，将计就计，命令能工巧匠制作小礼物作为送给东吴“见面礼”。有位做了大半辈子糖食点心的匠人，做出一种配有龙凤图案的大喜饼，寓意龙凤相配、吉祥如意。这种喜饼立即被诸葛亮选中，令匠人制作一万个，让赵云带兵派送给南徐城里的各家各户，并编唱歌谣：“刘备东吴来成亲，龙凤喜饼是媒证。”不到几天工夫，婚礼一事已是在城里传得沸沸扬扬，一发不可收拾，吴国太（孙权之母）无奈之下，只能成全了这门婚事。

后来刘备为了赏赐这位做喜饼的师傅，特意在他的家乡修建了一个龙凤喜饼店。从此，龙凤喜饼便成了平常老百姓娶亲嫁女的至上礼品，甚至有“礼饼方为礼，其他不为礼”的说法。

用于拜神祭祀

祭祀灶王爷

每年的农历腊月二十三（俗称小年），民间常用饼类点心祭祀灶王爷。祭灶时，还要把关东糖用火熔化，涂在灶王爷的嘴上。这样，他就不能在玉帝那里讲坏话了。

用于思念的寄托

清明节：青团

这种风俗可追溯到2000多年前的周朝。据《周礼》记载，当时有“仲春以木铎循火禁于国中”的法规，于是百姓熄炊，“寒食三日”。在寒食期间，即清明前一两日，还特定为“寒食节”。

古代寒食节的传统食品有糯米酪、麦酪、杏仁酪，这些食物都可事前制就，供寒食节食用，现在，青团有的是采用青艾，有的以雀麦草汁和糯米粉捣制再以豆沙为馅制成，流传百余年，仍旧一副老面孔。人们用它扫墓祭祖，但更多的是应令尝新，青团作为祭祀的功能日益淡化。清明既是二十四节气之一，又是一个历史悠久的传统节日。受寒食节影响，在其后一两天的清明节，也要做寒食。在北方，人们只吃事先做好的冷食如枣饼、麦糕等；在南方，则多为青团和糯米糖藕。

纪念戚继光：光饼

据传当年戚继光抗倭，做炊切饼，中间有孔挂在身上，又称作光饼，以示对戚家军的纪念。光饼后来成了福州的传统风味小吃。

冬至节：九层糕

冬至在我国古代是一个很隆重的节日。至今我国台湾地区还保存着冬至用九层糕祭祖的传统，以示不忘本，合家团圆。

◀ 随着历史的更迭，青团传统的祭祀功能日益淡化，而更多被用来作为春天品尝的时令点心（左图）

◀ 寓意长长久久、步步高升的九层糕是餐桌上常见的甜品（右图）

用于祈福祛灾

生日寿辰：喜大八件

喜大八件是由枣花、福字、禄字、寿字、喜字、卷酥、核桃酥等八样组成，八块共一斤。生日、寿辰之际人们都要购买并食用福禄寿喜字样的点心；祝寿宴会上，还要配上寿桃，北方地区多用花馍，“寿桃饺”“寿桃包”“寿桃酥”。另外有“仙鹤延年”“寿比南山”“南极仙翁”“麻姑献寿”等，寓意平安喜乐、长寿康健。

生子：多子多福饼

旧京风俗妇女生小孩坐月子，娘家亲戚除了送鸡蛋、小米、红糖，还要送缸炉（缸炉是过去饽饽铺开炉试货时制作的产品）。此外还有各种形式的点心，如送子观音饼、麒麟送子饼、长命百岁饼，各种各样的题材寓意着开门见喜，多子多福。

“有礼有节”的中国人，因为有了点心，丰富了生活，传递了情谊，寻常的日子里才变得锦上添花。

本书解读了中国点心和节气寓意之间的关系，让很多人重新开始关注传统点心的原本风貌。中国古人向来讲究食物的仪式感，用来表达深切的问候，表达对获赠人的吉祥寓意，表达重要节日问候的心情，这些都是重要的体现。我们希望以此能够给中国点心文化带来一次新的启迪，真正吃出中式点心的精彩，发现中式点心之美，同时让外国友人在品尝中式点心的时候，也能深切感受到它千变万化的造型，美好的寓意纹样，使中式点心真正发扬光大。小点心，大文化，这是一次非常有意义的探索与助力。

“福禄寿喜”是我国民间永恒的吉祥题材（左图）▶

在中国民间普遍认为，求拜麒麟可以生育得子，所以“麒麟送子”题材的点心模具也常被应用（右图）▶

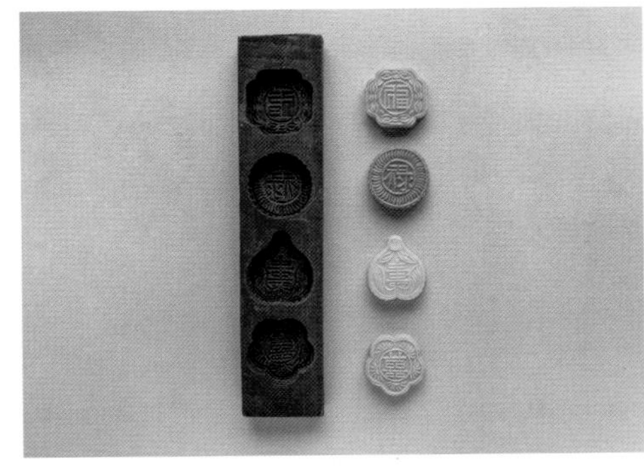

第四章

小模具，大智慧

——古代点心模具里的二十四节气

Chapter 4
Small Mould, Big Wisdom
24 Solar Terms in Ancient Desserts Molds

中国古人将一年分为十二个月，二十四个节气，其中“五天”称为“一候”，“三候”为一个节气，所以一个节气又被称为“三候”。我国古代劳动人民将每个节气的“三候”根据当时的气候特征和一些特殊现象分别起了名字，用来简洁明了地表示当时的自然特点。

中式点心起源于古人的祭祀活动，中国人也把祭祀和自然规律进行结合。不同的节气都会有相关的祭祀活动出现在全国各地。中式点心题材丰富，内容广泛，但大多数图案都与道教有关联。中国道教讲究天人合一，这大概是中国古人得出二十四节气智慧的原因吧。

中式点心带给我们的不仅仅是一段悠久的历史、一种味蕾的盛宴和一份浓浓的情谊，还有的是中国古人对人与自然关系的思考，以及东方韵律和智慧生活的启迪。先人把这些智慧雕刻进点心模具中。

这一章，我们将依据中国传统的二十四节气、七十二候文化，对我们收藏的部分精品模具进行解读，在经典的图案造型中，探究中式点心的魅力。

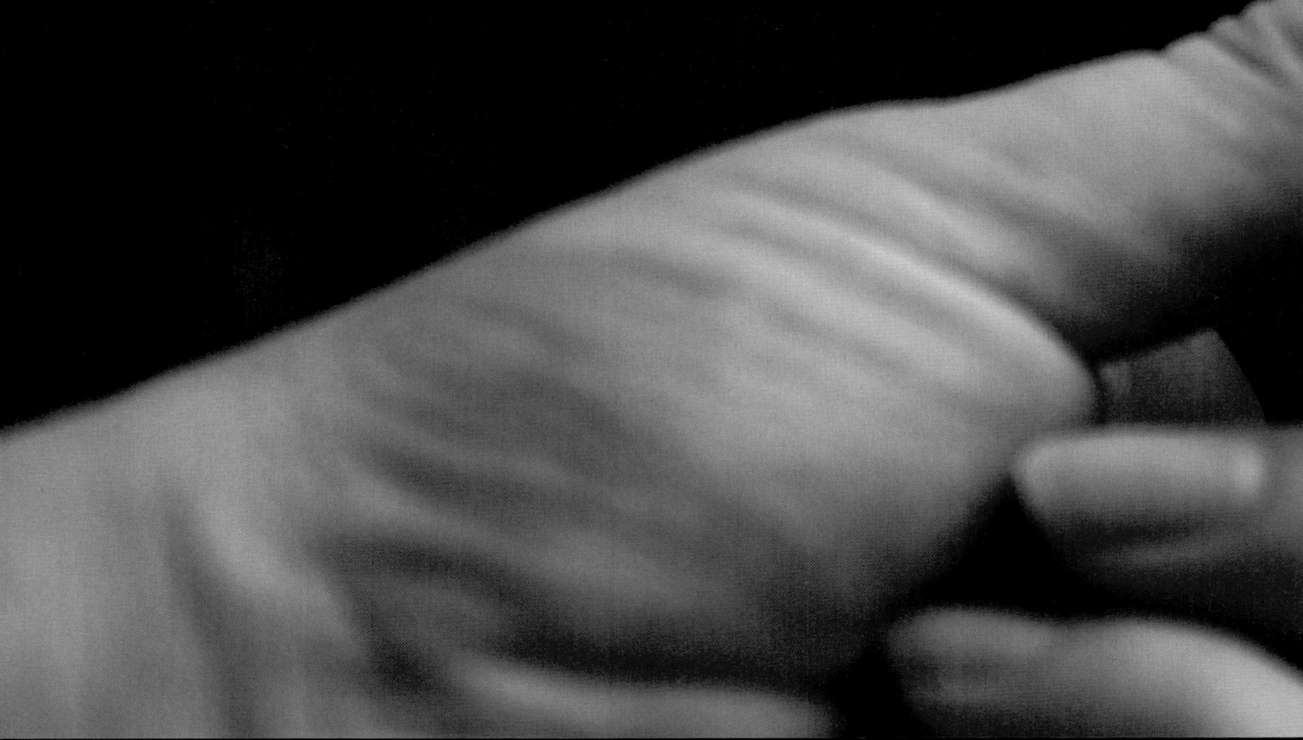

立春
Spring Commences

斗指东北，太阳黄经为315° 。

“阳和起蛰，品物皆春。”过了立春，万物复苏，生机勃勃，四季从此开始了。

减字木兰花 · 立春

【宋】苏轼

春牛春杖。无限春风来海上。便与春工。染得桃红似肉红。
春幡春胜。一阵春风吹酒醒。不似天涯。卷起杨花似雪花。

第 1 候

东风解冻

东风送暖，大地开始解冻。

阳和至而坚凝散也。

朔风收起刺骨的寒冷，暖风从东方柔和地吹来，融化了厚厚的冰层。霞光在天空中晕染着，春天踩着轻盈的脚步，翩然而至。

冬春交替，万物新生，有往来祝寿者。

这一候临近中国农历正月初一，人们在正月这个时间开始忙碌，置办新春贺礼、走亲访友、敬拜长辈。

寿字纹的图案在中国古代较为常见。以寿字纹制作的点心，也经常出现在中国古代拜寿礼仪当中。这块团寿纹点心模具，寓意圆满长寿。应当是古人制作拜寿糕饼时所用。模具笔画清晰、纹路简洁明快、图案规整精细。圆形模具与单柄造型比较少见。柄下端有铜制挂纽。应该为古人悬挂模具、存取方便所设计。此饼模也有可能为祝寿时，悬挂装饰所独立设计的。整个模具，尺寸较大，用材精良，是同类祝寿饼模中少见的珍品。

年代：清中期
地区：福建
尺寸：33cm×15cm×2.5cm
材质：硬木

第 2 候

蛰虫始振

立春五日后，蛰居的虫类慢慢在洞中苏醒。

振，动也。

被称为春鸟的黄莺用歌声宣告春天的到来。人间回暖，天地万物开始萌动起来。蛰伏已久的虫儿和新芽露出了脸，一派生机盎然。

古人是含蓄的，但又是浪漫的，他们把对春天的感知雕刻进了一方模具中。在这块模具中便描绘了一只带有飞虫翅膀的蜈蚣，头如蜻蜓，尾巴如同蜈蚣的造型。在这一候里，用这样的一块模具来代表万物复苏。六角形的点心模型，又体现出“六和”的寓意，代表万物祥和，春天即将到来。

年代：民国
地区：山西
尺寸：33cm × 15cm × 2.5cm
材质：硬木

第3候

鱼陟负冰

再过五日，河里的冰开始融化，鱼开始靠近水面游动，此时水面上还有没完全融解的碎冰片，如同被鱼负着一般浮在水面。

陟，升也。阳气已动，鱼渐上游而近于冰也。

此时河水开始变得温暖起来，冬天在冰下承受寒冷的游鱼开始浮动起来，荡漾起层层细波。

应时而作，应节而生。古人敏锐地感知到时节的变化，并将自然的美好景象描摹进模具之中。选择的这块模具源自清中期的一块点心模具，属两孔模具，源自福建地区。上孔饼模的图案是松下的鹿和飞翔的鹤，代表鹿鹤同春；下面是状元骑在鱼身上，寓意着蟾宫折桂，鲤鱼跃龙门。一年之计在于春，在春季吃下用这块模具做出的点心，希望自己的事业有好的规划和发展。鹿鹤同春的图形也恰好和鲤鱼跃龙门的图形相呼应。

年代：清中期
地区：福建
尺寸：33cm × 15cm × 2.5cm
材质：硬木

雨水

Spring Showers

斗指壬，太阳黄经为 330° 。
春风遍吹，冰雪融化，空气湿润，雨水增多。

春夜喜雨
【唐】杜甫
好雨知时节，当春乃发生。
随风潜入夜，润物细无声。
野径云俱黑，江船火独明。
晓看红湿处，花重锦官城。

第 4 候

獭祭鱼

此节气，水獭开始捕鱼了，将鱼摆在岸边，如同先祭后食的样子。

此时鱼肥而出，故獭先祭而后食。鱼，跃而出，肥美鲜嫩。

在寒冷稍微缓解的时候，水獭就开始捕鱼了，将鱼摆在岸边，如同先祭后食的样子。

鱼的元素，不仅仅被记录进气候当中，同时也是中式点心模具中的经典纹样。模具画面中，由双鱼构图雕刻而成，共同组成一个对称的图案，寓意着吉庆有余，好事成双。此时正值喜庆吉祥的正月，以此作为对新春的祝福和期望，寓意着富贵吉祥，年年有余。

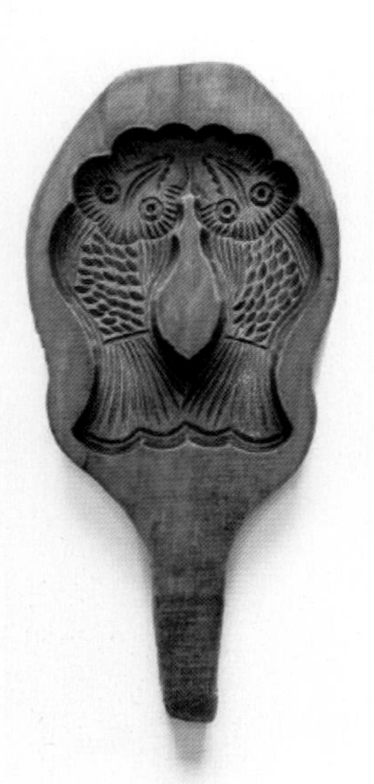

年代：民国
地区：山东
尺寸：18cm × 8.5cm × 2cm
材质：硬木

第 5 候

候雁北

五天过后，大雁开始从南方飞回北方。

雁，自南而北也。

五天后，天气回暖，大雁开始从南方飞回北方。雀跃枝头，报来春天的喜讯。

天上飞鸟报春，人间喜上枝头。候鸟的迁徙，也是人们对节令观察的一个情况，在中国传统文化中，候鸟代表了喜庆，往往和喜庆、长寿有关。这三块模具，生动地描绘了三种不同姿态不同种类的鸟的形象。在中国人的模具题材里，更多以鸟来寓意吉祥。

模具源自山东和福建。在不同区域，中国人雕刻鸟的姿态也有所不同；雕刻同一题材手法也不尽一致：充分体现出古代点心模具的多样性。这和风俗文化、信仰都有紧密关系。中间那块模具表现的是“雁回头”，又是一个随形的椭圆形，有“丰满、团圆”的寓意，表现了古代匠人独特的用心和创意。

年代：清代、民国
地区：山东、福建
尺寸：22.5cm × 11.7cm × 3.4cm
16.3cm × 10.6cm × 3.3cm
22.5cm × 7.7cm × 2.8cm
材质：硬木

第6候

草木萌动

再过五天，在春雨中，
草木随地中阳气的上腾而开始抽出嫩芽。
从此，大地渐渐开始呈现出一派欣欣向荣的景象。

草木萌动，是为可耕之候。

再过几日，在“润物细无声”的春雨中，草木随地中阳气的上腾而开始抽出嫩芽。被白雪覆盖的山冠，染出了大片的绿色。从此，春天正式呈现出一派生机盎然的景象。

这块雕刻精美的模具，并排刻画着五朵花，分别是牡丹、芍药、莲花、紫茉莉、木芙蓉。每一片花瓣都刻得非常精致、飘逸，体现出古人以植物形象寄托美好寓意的心情。其中牡丹花瓣层层叠叠，象征着富贵、荣华；芍药花芯雕刻成如意造型，代表着万事如意；莲花芯雕刻成石榴形，寓意着多子多福；紫茉莉代表着贞洁、质朴；木芙蓉体现着吉祥、美满、团圆。这块模具的造型象征着四季团圆、五福富贵。

年代：清早期
地区：山西
尺寸：39.7cm×8.3cm×2.7cm
材质：硬木

惊蛰

Insects Waken

斗指丁，太阳黄经为 345° 。
春雷开始震响，
蛰伏在泥土里的各种冬眠动物将苏醒过来。

秦楼月 · 浮云集

【宋】范成大

浮云集。轻雷隐隐初惊蛰。
初惊蛰。鹁鸠鸣怒，绿杨风急。
玉炉烟重香罗浥。
拂墙浓杏燕支湿。
燕支湿。花梢缺处，画楼人立。

第7候

桃始华

此时，桃花红、李花白，春花开始满地盛开。

阳和发生，自此渐盛。

“华”同“花”。桃在中国文化里常常代表“美好的生活”。图中的这组模具，是中国古代模具中既有经典的团花纹造型又融汇了四季的花卉的模具。银锭造型的模具是以花草题材为主，叠加着六片花瓣的六和造型花朵，寓意和和美美，代表“六”的吉祥概念。

中国人习惯把花寓意为花开富贵，这个气候尤其在南方地区恰好桃花盛开，也寓意着新春的到来。广东人有新年逛花市、吃团圆福饼的习俗，这种花朵造型也是在点心里比较常见的，同时寓意着美好和幸福。

年代：清代
地区：山西
尺寸：24.5cm×8.5cm×2.5cm　　6.8cm×2.2cm
　　　24.6cm×11.8cm×3.2cm　　24cm×12.7cm×2cm
材质：硬木

福

第 8 候

仓庚鸣

伴随着黄鹂的鸣叫声，迎来了新一年的春暖花开之时。

仓庚，黄鹂也。

被称为“春鸟”的黄鹂用歌声宣告春天的到来。

古人对春抱有特殊的情怀，春天往往有着“希望、喜气、祥瑞”之意，如“春色满园”“春风得意”等，这块模具同样描绘了这样的场景。这是一组人物与动物形象组合的模具，上面是仙翁手持花卉，呈现了一幅“仙翁抱春”的画面，寓意着花开富贵，前程似锦。下面是中国著名的神话人物孙悟空，寓意着金猴献瑞，加官晋爵。

年代：清早期
地区：山西
尺寸：33.7cm×11cm×1.5cm
材质：硬木

第9候

鹰化为鸠

鸟儿飞来的时节，预示着大部分地区都已进入了春耕时节。

鹰，鸷鸟也。此时鹰化为鸠，至秋则鸠复化为鹰。

此候一至，阳气上升，鸠鸟长鸣。大自然万事万物都可以成为古人点心模具的创造题材。这块以长条三角形为造型的特殊模具，分别雕刻着石榴、鸠鸟和一匹骏马。石榴代表多子多福；鸠鸟形象代表长寿，古人以鸠杖寓意长寿吉祥；骏马则代表一马当先，寓意事业勇往直前。三个形象寓意着吉祥美好，同时也象征着对美好生活的祈盼。

年代：清代
地区：山西
尺寸：34.5cm×10.2cm×3cm
材质：硬木

春分

Vernal Equinox

斗指壬。太阳黄经为 0°。
春分日太阳在赤道上方。
这是春季 90 天的中分点。
这一天南北两半球昼夜相等，所以叫春分。

春分日

【五代】徐铉

仲春初四日，春色正中分。
绿野徘徊月，晴天断续云。

第 10 候

玄鸟至

在春分日后，
很多燕子便从南方飞来了。

玄鸟至，燕来也。

柳树悄悄地垂下丝绦，燕子为了养育孩子，从南方归来。

这是一块源自云南的模具，题材奇特，是典型的少数民族和汉民族文化融合的产物。图案自上而下分别是鱼、鹰爪、鹦鹉、画轴、犀角、葫芦、鲤鱼、南瓜与石榴。一个模具体现出“百宝融汇”的场景，每一个吉祥图案都是由多种吉祥纹样融合在一起，有除妖降魔、祈求平安、护佑健康的寓意。模具中出现的鹰爪图案，是中原地区的模具所没有的形象，这与少数民族的祭祀文化和生活环境有着紧密的关系。这样的点心多出现在少数民族节日中，用这样的点心供奉祖先，然后分给孩子们吃。

年代：清代
地区：云南
尺寸：53cm × 10.7cm × 3.1cm
材质：硬木

第 11 候

雷乃发声

此时，阴雨天气开始增多，一声声惊雷，宣告着春雨的来临。

雷者阳之声，阳在阴内不得出，故奋激而为雷。祥和的春天，平地起一声惊雷。声音远远地翻滚而来，春天用声音宣告它的开始。据说，如果远处有雷声和闪电，就会出现温暖的天气。

图中这两块模具体现了这一候的文化寓意。模具中无限旋转的团花纹，寓意着生生不息，中间的圆点象征着太阳和能量，借此寓意在春雷乍响时，人们开始春天的耕耘劳作。这两块大小各异的模具组合体现了春雷乍响之时，人们期盼新年的美好收成和对生活的向往，万物如同旋转的团花生生不息，又如阳气和能量的上升。人们用符号化的模具来祈求新的一年风调雨顺、国泰民安。

大块多宝模具
年代：清代
地区：江浙
尺寸：59cm × 38.3cm × 2.2cm
材质：硬木

小块模具
年代：明代
地区：山西
尺寸：14cm × 7cm × 2.2cm
材质：硬木

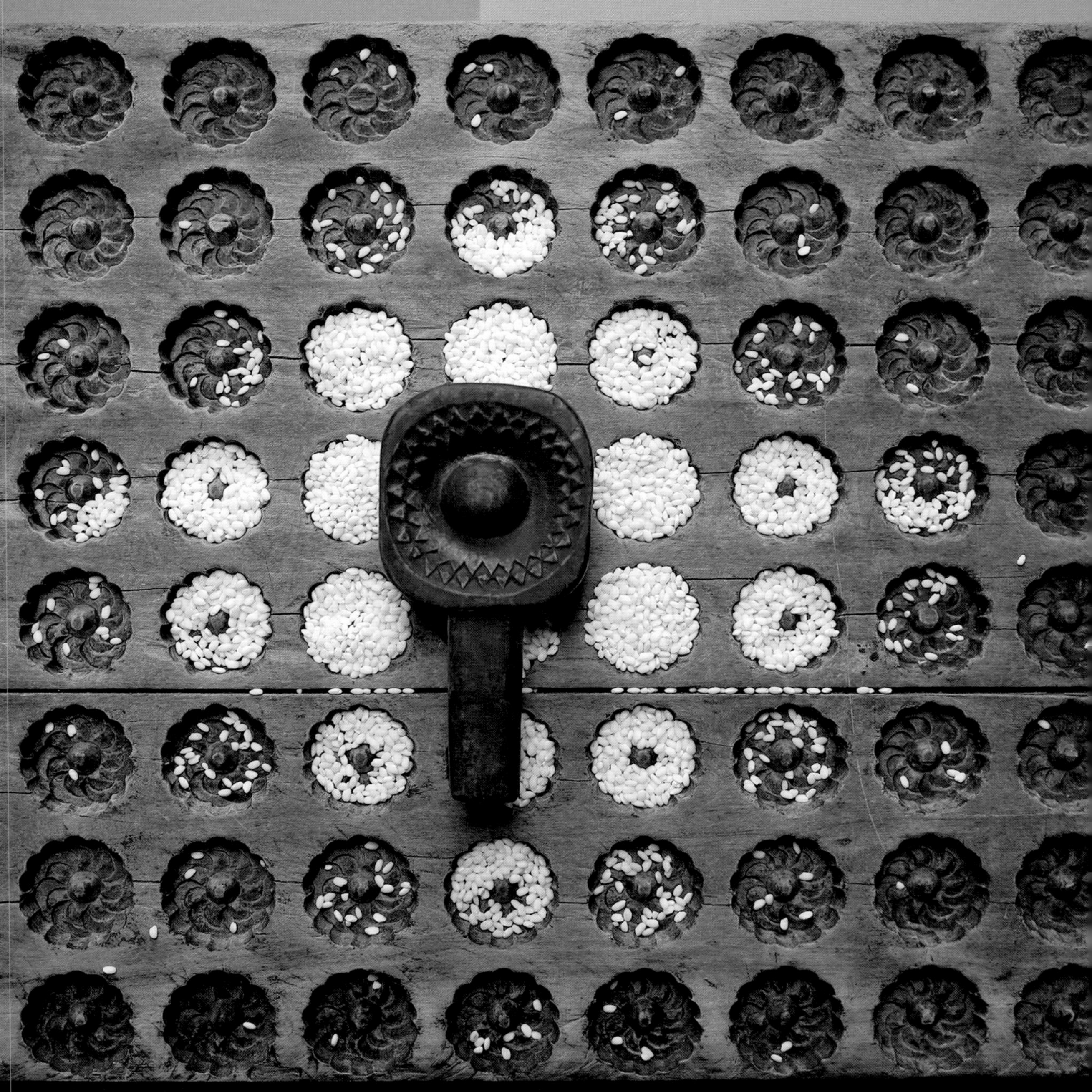

第 12 候

始电

这段多雨的日子里，天空中总是会打雷并发出闪电。

电者阳之光，阳气微则光不见，阳盛欲达而抑于阴。其光乃发，故云始电。闪电伴随着春雷出现。

这块模具抽象地表达了宇宙中万物的关系。中间是能量的圆点，外圈像无限循环的图案，寓意风和云的旋转。这种图案的模具代表着对自然的崇拜。这块点心模具对应这个气候，体现了中国古人以自然规律为生存的原则。这块模具是一种崇敬自然的图腾，代表了一种能量的汇聚，寓意着事业和万物的循环不息。

年代：清中期
地区：山西
尺寸：17cm×14.6cm×3.5cm
材质：硬木

清明

Bright and Clear

斗指丁，太阳黄经为 15° 。
此时气候清爽温暖，草木始发新枝芽。
万物开始生长，农民忙于春耕春种。

清 明

【唐】杜牧

清明时节雨纷纷，路上行人欲断魂。
借问酒家何处有？牧童遥指杏花村。

第 13 候

桐始华

到了清明这个节气，
桐花应时而开，绚烂至极。

桐花在清明时节应时而开，是春夏交替之际的重要物候。

桐花，常被用在古代点心模具中。传说凤凰栖息在梧桐树上，这块模具也是描绘了凤凰飞翔在桐花及牡丹之上，寓意着凤穿牡丹、富贵荣华。丹凤是模具中非常古老的一种图案纹样。

年代：清代
地区：福建
尺寸：22.3cm×17cm×2.2cm
材质：硬木

第 14 候

田鼠化为鴽

此节气时，田鼠因烈阳之气渐盛而躲在洞穴避暑，取而代之的是喜爱阳气的鴽鸟。

鴽，鹌鹑属，鼠阴类。阳气盛则鼠化为鴽，阴气盛则鴽复化为鼠。

中国人自古以来对老鼠的情感是复杂的。上古时期，中国人认为老鼠的繁殖能力特别强，希望后代像老鼠一样生生不息、多子多福。农耕时代，大家又认为老鼠偷窃了自己的农作果实，是人类的敌人。所以以老鼠形象作为模具点心题材，有双重寓意，一方面寓意着做成鼠吃掉它，消灭老鼠；另一方面也寓意着多子多福。一块小小的模具可以把中国传统民俗表现得如此生动形象，令人赞叹不已。

年代：清代
地区：山西
尺寸：14.2cm×7.5cm×3.8cm
材质：硬木

第 15 候

虹始见

清明时节总是多雨，雨后，天空中可常见彩虹。

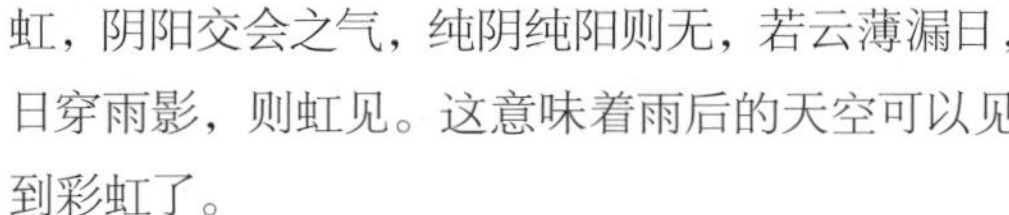

虹，阴阳交会之气，纯阴纯阳则无，若云薄漏日，日穿雨影，则虹见。这意味着雨后的天空可以见到彩虹了。

虹，天象之一。古人认为阴阳变幻，彩虹初现，则祥瑞将至。这块模具为两孔模具：上孔图案是阴阳太极与长寿纹的组合，外形为四瓣的团花纹，寓意长寿富贵、阴阳交会；下孔图案则是长寿的团花纹，寓意着四方平安，“寿”字中间四角相对，寓意着四季安康。

年代：清代
地区：山西
尺寸：27cm×8cm×3cm
材质：硬木

谷雨

Corn Rain

斗指癸，太阳黄经为 30°。
雨水滋润大地，五谷得以生长，
谓之“雨生百谷”。

谷 雨

【宋】朱槔

天点纷林际，虚檐写梦中。
明朝知谷雨，无策禁花风。
石渚收机巧，烟蓑建事功。
越禽牢闭口，吾道寄天公。

第16候

萍始生

谷雨后降雨量增多，雨水丰沛，浮萍也随之大量繁殖生长。

谷雨后降雨量增多，浮萍开始生长。

这一候，池中碧波荡漾，萍草茂盛，龟与游鱼同池嬉戏。

这里选择的五块模具，都源自广东潮汕地区。以乌龟造型作为点心模具的风俗习惯，在广东潮汕地区非常流行。当地以这种造型制作经典的潮州"红果"，寓意长寿、健康和幸福。在中国，自古以来乌龟都是长寿和风水的象征。古代人有祭祀乌龟和吃"红果"龟形饼的风俗习惯，现在有些地区已不太流行了。在广东潮州地区出现这个图案也是非常典型的例子，是对古老风俗习惯的延续。

年代：清代

地区：广东

尺寸：12.4cm×8.9cm×2.1cm　11.3cm×8.9cm×2.1cm
9.6cm×7.7cm×2.2cm　11.4cm×8.5cm×2.7cm
9.3cm×4.6cm×1.4cm

材质：陶瓷、硬木

第 17 候

鸣鸠拂其羽

鸠是指斑鸠，此时，斑鸠不仅鸣叫，更拍动羽翼四处飞翔，开始提醒人们播种。

飞而两翼相排，农急时也。布谷鸟便开始提醒人们播种了。乌鸣嘤嘤，扇动着崭新的羽毛在春日里穿梭。

在这样充满朝气的季节里，人们也开始发奋图强。图中模具里的人物在庭院里，直指青云，抒发感怀。模具上雕刻的枝繁叶茂的芭蕉，在传统文化中被认为是“成就大业（叶）”的象征。人们做出一块寓意深刻的点心，祈福一年之中“家大业（叶）大、平步青云”。

年代：清代
地区：福建
尺寸：26.6cm×18.1cm×3.6cm
材质：硬木

第 18 候

戴胜降于桑

春夏交替之时，桑树上开始见到戴胜鸟，它们常栖息于桑树与麻树上。

戴胜，亦即戴鵀，织网之鸟，阵于桑以示蚕妇也，故曰女功兴而戴鵀鸣。这一候桑树上开始见到戴胜鸟。

戴胜鸟被人们视为吉祥之鸟，给家家户户带来祥瑞。选择的这块模具，是四川地区的典型造型，圆形的图案，中间雕刻了一只猫在牡丹花下的场景。猫、蝴蝶以及一口钟的形象，寓意“富贵钟声”“耄耋之年”。猫被刻画成祥瑞之兽的外形，工匠们对传统的猫的形象进行了艺术化处理。中国人向来把八九十岁叫耄耋之年，也希望大家吃了这种造型的点心，身体安康、延年益寿。这一候恰是百花盛开的季节，选择这个题材的模具，寓意春意盎然，以及人们对生命的祈福和对健康的期望。

年代：清代
地区：四川
尺寸：27.5cm×3.4cm
材质：楠木

立夏

Summer Commences

斗指东南，太阳黄经为45°。
从此进入夏天，万物生长旺盛。
炎暑将临，雷雨增多，是农作物进入旺季生长的一个最重要节气。

小池

【宋】杨万里

泉眼无声惜细流，树阴照水爱晴柔。
小荷才露尖尖角，早有蜻蜓立上头。

第 19 候

蝼蝈鸣

此时，昼伏夜出的蛙因感受到微弱的阴气，开始在田间发出鸣叫声。

蝼蝈，蛙也。这一候，可听到蛙在田间的鸣叫声。

此候一过，天气进入夏季，人们做富有寓意的点心迎接夏日的到来。

这两块久经沧桑的多孔造型模具，形态各异的美好纹样还清晰可见。一个是十孔模具，另一个是七孔模具。十孔模具里的内容非常丰富，分别代表寓意吉祥、平安的十个内容，代表着十全十美。七孔造型，也很有特点，以桃花、寿桃、莲蓬、莲花、花篮、狮子、钱币的形象，寓意人生能够长寿发财、幸福美满。十孔寓意着十全十美；而七孔，中国人比较喜欢七这个数字，比如北斗七星，是吉祥如意的象征。

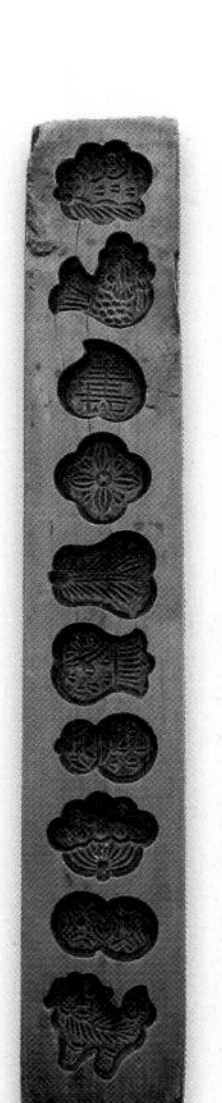

年代：清代
地区：山东
尺寸：30.2cm×4.5cm×1.3cm
32cm×4cm×1.6cm
材质：硬木

第 20 候

蚯蚓出

立夏五天后，因阳气渐盛，大地上便可看到蚯蚓群起掘土。

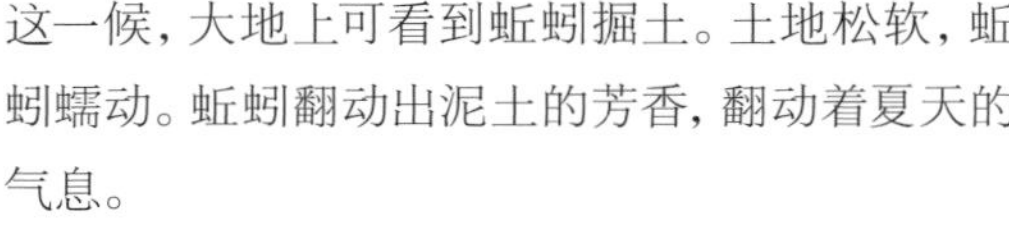

这一候，大地上可看到蚯蚓掘土。土地松软，蚯蚓蠕动。蚯蚓翻动出泥土的芳香，翻动着夏天的气息。

春夏交叠，天赐成婚。

在喜饼中，“和合二仙”的题材较为常见。图中精选了多块雕工不一、形态各异的“和合二仙”模具。模具中人物精致讨巧，外围多花枝交错，绿叶丰盈。人们用模具做这样的喜饼，祝福新人在此后的生活中一团和气、富贵花开。

年代：清末

地区：山西

尺寸：18.2cm×11.5cm×3cm　22.1cm×12.8cm×3.8cm
18.5cm×10.5cm×3.5cm　20.3cm×18cm×2.3cm
16.1cm×9cm×2.2cm　11.1cm×6.5cm×1.8cm

材质：硬木

第21候

王瓜生

王瓜的蔓藤在立夏时节开始快速攀爬生长。

王瓜色赤，阳之盛也。

初夏，王瓜藤蔓开始攀爬生长。这套模具体现四季的瓜果：桃子、瓜、荔枝和石榴，代表长寿、子孙满堂、大吉大利。古人常以农作物作为点心食材，把时令食材制作的点心带进生活中。这套点心模具，就是对古人智慧的最好印证。模具分为两个部分，做出的点心呈现半立体形态，盛放在器皿之上，供一家人在炎炎夏日解暑增凉。

年代：民国
地区：江浙
尺寸：36.1cm×7cm×3.1cm
材质：硬木

小满

Corn Forms

斗指甲，太阳黄经为60°。
从小满开始，
大麦、冬小麦等夏收作物，已经结果、籽粒饱满，
但尚未成熟，所以叫小满。

小 满

【宋】欧阳修

夜莺啼绿柳，皓月醒长空。
最爱垄头麦，迎风笑落红。

第 22 候

苦菜秀

到小满节气时，苦菜已经枝叶繁茂，可供采食。

火炎上而味苦，故苦菜秀。

此候苦菜已经枝叶繁茂。

夏季是吃"苦"的季节，苦能去火清心。莲子，就是以微苦为主味的食材。

莲子是莲花的产物。一入夏日，人们便上山寻野菜，池中赏莲花。古人很早便懂得了"苦"中作乐，即为"小满"的智慧。在苦菜满山的时候，家中做上一盘莲花造型的点心，寓意并蒂同心、多子多福。这种模具多用于婚庆嫁娶之时，是喜饼的一种图案，寓意着和合美满。

年代：清末
地区：江浙
尺寸：38.7cm×6.8cm×3cm
材质：硬木

第 23 候

靡草死

此时，一些枝条细软的草类植物，因受不了强烈的阳光照射而开始枯死。

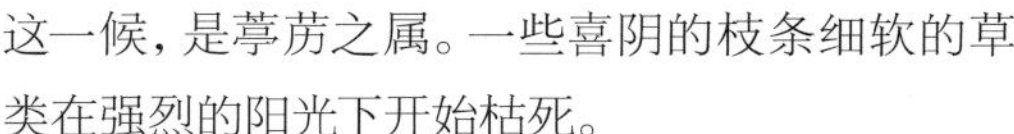

这一候，是葶苈之属。一些喜阴的枝条细软的草类在强烈的阳光下开始枯死。

小麦渐熟未熟，水草已经繁茂，游鱼日渐肥美。丰收的喜悦和夏的热烈一同孕育。

大自然在经历着生命的更迭，寻常人家在祈祷着生命的绵长。

这块点心模具雕刻了一位头戴官帽、白发长髯的寿星形象，寓意富贵长寿、喜乐平安。这块模具做的点心一般用于庆典、祝寿等活动，造型上也偏重于戏曲人物、民风民俗、民间信仰，和戏曲内容也有着密不可分的联系。

年代：清代
地区：山西
尺寸：31cm×7cm×2.8cm
材质：硬木

第 24 候

麦秋至

小满节气经过十天，原来已盈满但未熟的麦粒开始成熟。

秋者，百谷成熟之期。此时麦熟，故曰麦秋。

此时麦子开始成熟，麦场里满是大汗淋漓打麦子的人们。古人打新麦，碾磨成粉，调和成团，做成软糯甜蜜的点心食用。这块模具中有一个端坐的福娃童子形象，外面围绕着一圈花卉，寓意莲生贵子、多子多孙。中国人认为，子孙的繁衍同农作物的收获都是至关重要的大事。除了祈盼五谷丰登，人们也借此祈求瓜熟蒂落、子孙满堂。

年代：清代
地区：山西
尺寸：29cm×10.3cm×2.7cm
材质：硬木

芒种

Corn on Ear

斗指已，太阳黄经为75° 。
这时最适合播种有芒的谷类作物，如晚谷、黍、稷等。
如过了这个时候再种有芒作物就不好成熟了。
“芒”指有芒作物如小麦、大麦等。“种”指种子。
芒种即表明小麦等有芒作物成熟。

芒种后经旬无日不雨偶得长句

【宋】 陆游

芒种初过雨及时，纱厨睡起角巾攲。
痴云不散常遮塔，野水无声自入池。
绿树晚凉鸠语闹，画梁昼寂燕归迟。
闲身自喜浑无事，衣覆熏笼独诵诗。

第 25 候

螳螂生

在这一节气中，螳螂在上一年深秋产的卵，因感受到阴气初生而破壳生出小螳螂。

螳螂在上一年深秋产的卵，感受到阴气初生而破壳生出小螳螂。

动植物都在顺应时节生生不息。点心制作，也秉承着大自然的规律。

这块点心模具，就刻画了满满的自然生机。寿桃、扇子、书卷、花朵、蝴蝶等意象都在一块模具中呈现，分别象征着长寿、引善、高中、富贵、喜庆等寓意。我们称之为“多宝点心模具”，一次可成型数十个点心。这种模具在收藏中也较为少见。模具源自福建，是以制作迷你糖果为主的点心制作方法。给孩子们吃小点心、小糖果，也是希望孩子们百福百寿、健康成长。一块小小的点心，吃的不仅是甜蜜，也是祝福和心愿。

年代：清代
地区：福建
尺寸：49.5cm×7.5cm×3cm
材质：硬木

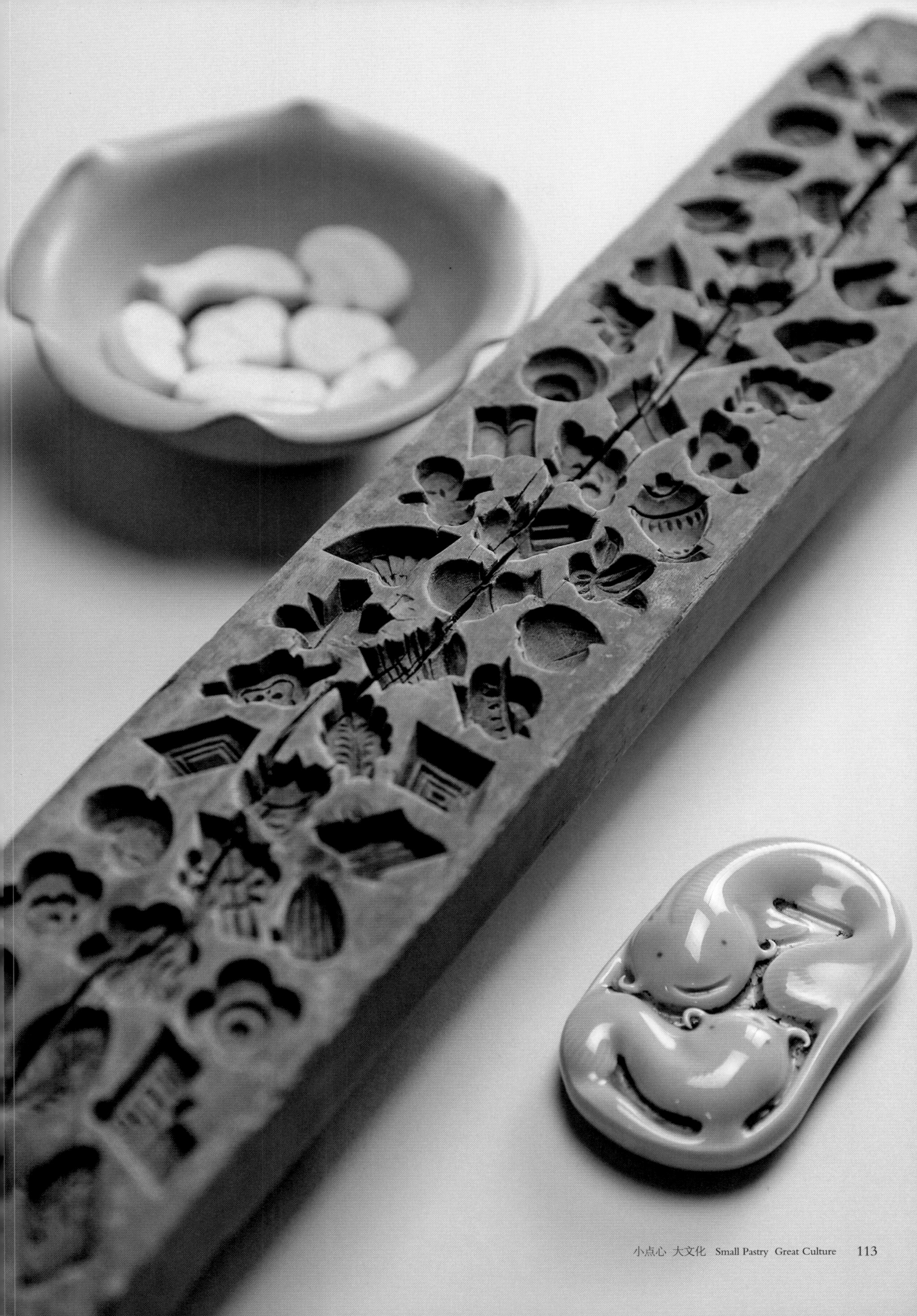

第 26 候

鹃始鸣

此时，喜阴的伯劳鸟开始在枝头出现，并且感阴而开始发出刺耳的鸣叫。

喜阴的鹃鸟开始在枝头出现，并且感阴而鸣。草木茂盛，鱼米肥美。自然界以草木丰盈为福，人家以子孙兴旺为瑞。这块模具雕刻了“麒麟送子”的传统的吉祥纹样，外面环绕一圈暗八仙的图案，代表神仙庇护自己的子孙，多子多福。

“麒麟送子”中的孩子形象，头戴宝冠，手持灵芝仙草，代表对新生儿聪明伶俐的祈盼。麒麟脚踏象征吉祥、如意的宝珠，体现“天赐麟儿”的场景。旁边环绕的八仙图案，也寓意着对家族和孩子的庇佑。这种图形的点心是对孩子满月时的一种问候和祝福。

年代：清代
地区：浙江
尺寸：22cm×21.6cm×2.6cm
材质：硬木

第 27 候

反舌无声

在芒种节气的最后五日，能够学习各种鸟鸣叫的反舌鸟，却因感应到五月阴气微生而停止了鸣叫。

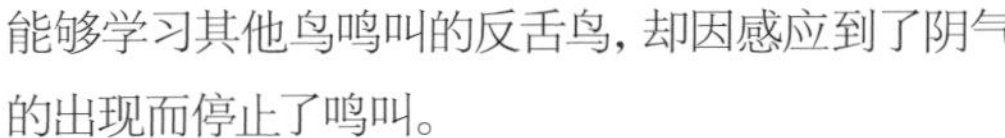

能够学习其他鸟鸣叫的反舌鸟，却因感应到了阴气的出现而停止了鸣叫。

这时最适合播种有芒的谷类作物，如晚谷、黍、稷等。如过了这个时候再种有芒作物就不好成熟了。

正值端午时节，用这块“五毒六孔模具”与此候相配再合适不过了。自古以来，端午都有“驱五毒，迎吉祥”的习俗，也有划龙舟、吃粽子的传统。所以，端午节吃掉蟾蜍、蜈蚣、壁虎、蝎子和蛇这“五毒”造型的点心，以毒攻毒，寓意着消灾免祸，避免家人受到“五毒”的侵害。五毒饼造型形态各异，有团花形、娇叶形、四方形、八角形与六角形，每块造型都各异。这种模具也是古人智慧和创作灵感的一种体现，留存于世的极为少见。

年代：清代
地区：福建
尺寸：48cm×7.6cm×3cm
材质：硬木

夏至

Summer Solstice

斗指乙，太阳黄经为90°。
阳光几乎直射北回归线上空。
北半球正午太阳最高。
古时候又把这一天叫作日北至，
意思是太阳运行到最北的一日。

夏 至

【宋】范成大

李核垂腰祝饐，粽丝系臂扶羸。
节物竞随乡俗，老翁闲伴儿嬉。

第 28 候

鹿角解

鹿角有艮象，是属阳性的山兽，因夏至日阴气生而阳气始衰，所以阳性的鹿角就开始脱落。

阳兽也，得阴气而解。

麋与鹿虽属同科，但古人认为，二者一属阴一属阳。鹿的角朝前生，所以属阳。夏至日阴气生而阳气始衰，所以阳性的鹿角便开始脱落。

中国人认为鹿代表了“福禄”。在这个模具里，我们看到了鹿口衔灵芝草，脚踏祥云，跋山涉水地把仙草带到人间。旁边的图案是以四季花卉作为纹样，充分体现出古人认为能够吃到“鹿”就带来福寿安康的心愿。同时，也寓意对幸福美满生活的祈盼。以陶土做模具，在北方地区，尤以陕西为多数。

年代：清早期
地区：陕西
尺寸：16.8cm×2.5cm
材质：陶土

第 29 候

蜩始鸣

蝉鸣是夏天最重要的声音符号。
夏蝉又叫『知了』，雄蝉都会鼓翼而鸣。

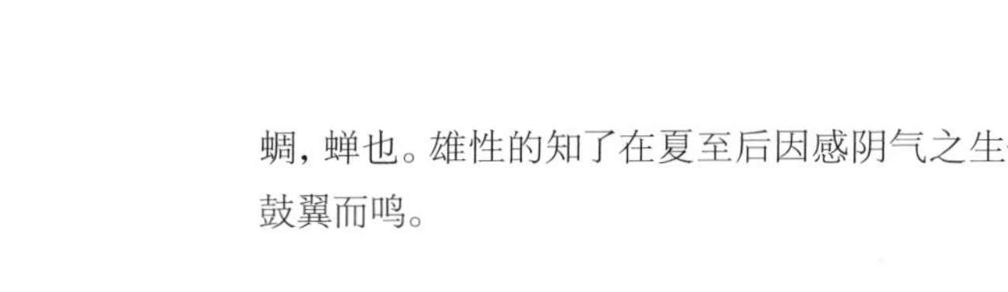

蜩，蝉也。雄性的知了在夏至后因感阴气之生便鼓翼而鸣。

蝉在点心文化中出现，寓意“腰缠万贯”。画面中一只金蝉鸣叫，叫醒了夏日，叫来了财运。

蝉自古以来代表着蜕变和永生。蝉蛰伏地下，脱壳后，正是飞黄腾达、展翅高飞、一鸣惊人的写照。以此来比喻从寒窗苦读到金榜题名的过程。模具中的蝉形图案是抽象如意的首部和蝉身体的结合。独立的金蝉模具，也是人对点心的一种特别的表达。同时也是一种风俗习惯的体现。在北方蝉被称为“叫子”，“叫子”谐音“娇子”。这种造型的点心送给孩子，表达对孩子未来飞黄腾达的期望。

年代：民国
地区：山东
尺寸：19.5cm×7cm×1.7cm
材质：硬木

第 30 候

半夏生

半夏是一种喜阴的药草，
因为在夏日之半生长而得半夏之名。

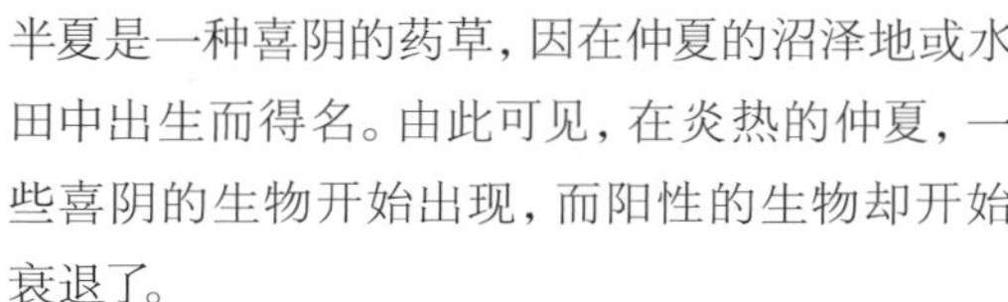

半夏是一种喜阴的药草，因在仲夏的沼泽地或水田中出生而得名。由此可见，在炎热的仲夏，一些喜阴的生物开始出现，而阳性的生物却开始衰退了。

在古代，大自然的万事万物都可以成为点心创作的灵感，一花一树，一草一木。

图中这块模具描绘的是一对青梅竹马的恋人漫步在庭院中，两侧是竹子和牡丹，代表了对美好生活的想象。闲庭漫步，体现出古人从容优雅的生活态度，也借此表达对喜结良缘的新人最美好的祝福。

年代：清代
地区：福建
尺寸：39.8cm×27.4cm×3.4cm
材质：硬木

小暑

Moderate Heat

斗指辛，太阳黄经为105° 。
天气已经很热了，但还不到最热的时候，
所以叫小暑。此时已是初伏前后。

小暑六月节

【唐】元稹

倏忽温风至，因循小暑来。
竹喧先觉雨，山暗已闻雷。
户牖深青霭，阶庭长绿苔。
鹰鹯新习学，蟋蟀莫相催。

第 31 候

温风至

小暑时节，大地四方均感受到温热的风，暑气吹至，热气逼人。

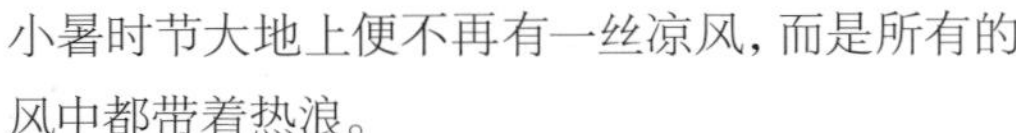

小暑时节大地上便不再有一丝凉风，而是所有的风中都带着热浪。

模具中的扇子造型，飘拂着两片扇坠，共同融汇在一个圆形的图案中。中国人向来以善为乐，乐善好施，以“扇”作为吉祥寓意。同时整体图案以芭蕉扇为主，相传也是八仙里汉钟离的法器。在这块模具里，从成就事业的法器芭蕉扇，到以善传德概念为主的方位，融合了多种概念和祝愿。

年代：民国
地区：江浙
尺寸：22.4cm×9.3cm×2.1cm
材质：硬木

第 32 候

蟋蟀居壁

源于《诗经》中《豳风·七月》关于蟋蟀活动的『七月在野，八月在宇，九月在户，十月蟋蟀入我床下』。《诗经》中的八月正是夏历的六月，此时蟋蟀开始自田野逐渐移入庭院。

蟋蟀亦名促织，此时羽翼未成，故居壁。

小暑时节，吹来的风不再是凉爽的，风中会夹着热浪。天气炎热，地表温度升高，蟋蟀也跑到岩壁下阴凉的地方乘凉避暑热。

在古代，蟋蟀鸣叫的夏日夜晚，人们多外出乘凉，孩子们在老人的故事里勾勒出一个又一个神奇的场景。古人向来把三国“空城计”作为表达智勇双全的经典案例，模具用抽象的线条呈现出诸葛亮手持“拂尘”坐在城头上，周边祥云缭绕，一副胸有成竹的样子。城门下，关羽、关平和周仓蓄势待发，随时可以上阵杀敌。这不同于传统“空城计”的图案和题材，表达的是一片祥和与智勇双全的寓意，表现了古人对子孙们的一种告诫。希望透过经典的故事，传达 “智勇双全”的精神内涵。这种人物故事题材的点心模具在南方地区较为常见。

年代：清代
地区：福建
尺寸：42cm×26.3cm×3cm
材质：硬木

第 33 候

鹰始挚

此时，雏鹰由老鹰带领，从巢中飞出来，开始学习飞行搏杀猎食的技术。

挚，言至，鹰感阴气，乃生杀心，学习击搏之事。

老鹰因地表高温，选择搏击长空，变得更加凶猛。

在春的模具中，我们已经讲过“鸟”在传统纹样中的美好寓意。这三块点心模具选用了三个雕刻不同的鹦鹉形象，把鹦鹉和鸳鸯进行了很好的结合。鹦鹉代表了“英勇”的精神，鸳鸯寓意“和谐美满”。两者结合，寓意家庭和睦、事业勇往直前。

年代：清代
地区：山西、陕西
尺寸：16.2cm×9.2cm×2.4cm
19.3cm×8.1cm×3.3cm
20.2cm×9.1cm×1.8cm
材质：硬木

大暑

斗指丙，太阳黄经为120°。
大暑是一年中最热的节气。
正值勤二伏前后，
这个节气雨水多，在民间有
“小暑、大暑，淹死老鼠”的谚语。

销 夏

【唐】白居易

何以销烦暑，端居一院中。
眼前无长物，窗下有清风。
热散由心静，凉生为室空。
此时身自得，难更与人同。

第34候

腐草为萤

萤火虫产卵在落叶与枯草之间，经幼虫、蛹而至成虫，在盛夏孵化而出。古人的生物知识缺乏，所以以为萤火虫在此时由腐草所变化而生。

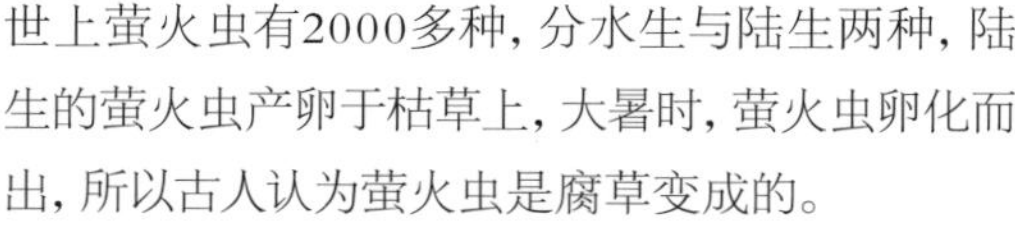

世上萤火虫有2000多种，分水生与陆生两种，陆生的萤火虫产卵于枯草上，大暑时，萤火虫卵化而出，所以古人认为萤火虫是腐草变成的。

此时节，夏秋交替，阳气至极。

为了增添生活志趣，也为了祈祷在秋收时节能够“五谷丰登、年年有鱼”，古人开始制作“鱼形”点心，用以先祭后食。画面中这些鱼形模具，每一个都雕刻得惟妙惟肖、活灵活现。这一组以水生的鱼为题材，是夏秋交替时五谷丰登、年年有余的象征。

年代：清代、民国
地区：山东、山西、江浙
尺寸：26cm×10cm×2.8cm　14.3cm×10.5cm×2.5cm
11.9cm×5.1cm×1.9cm　20cm×8.8cm×1.5cm
13cm×7.9cm×3.1cm　27 5cm×7 3cm×3 1cm
17.8cm×6.5cm×1.7cm　18.5cm×8.5cm×1.8cm
25cm×9.3cm×2cm
材质：硬木

第 35 候

土润溽暑

在大暑这一年最为炎热的节气中，天气开始变得闷热，土地也很潮湿。

天气开始变得闷热，土地也很潮湿。

古人觉察到燥热与湿气对身体的影响，将节气与养生结合在一起。制作各式各样的养生点心，一家食用，祈求平安。图中这块“大型多宝模具”，就满足了当时人们一次制作出数十块点心的需要。

这块模具里，我们看到了丰富的祝福和众多的吉祥图案，有长寿老人、青蛙、兔子、佛手，以及象征着四季平安的图形。在这一候里，浙江地区的人们有“送大暑船”的习俗，船上装满多宝点心作为供奉。走亲访友时送多宝点心，驱走瘟疫，带来吉祥和安康，也是一种重要的祈福的方式。

年代：清末
地区：江浙
尺寸：41.7cm×36.8cm×3.9cm
材质：硬木

第 36 候

大雨行时

此时，湿热之气升至对流云层，在高空遇冷，时常有大的雷雨出现，使暑湿减弱，天气开始向立秋过渡。

这一候时常会有大的雷雨出现，大雨使暑湿减弱，天气开始向立秋过渡。这一候湖上时常风雨大作，远行的船只乘风而行，一日千里。

这块模具十分特别，体现的是一条鲤鱼正在转变成神龙的奇景。鲤鱼和龙通过吐出的仙气互相连接，描绘出鱼龙互相交替的过程。神龙见首不见尾，可以看到神龙飘浮在水和云之中。模具外圈环绕的万字纹，寓意万寿无疆、鱼跃龙门；也寓意学子们学业进步，万事顺利。模具来自福建，雕刻造型中的四爪龙也显示出使用者的显赫身份。

年代：清代
地区：福建
尺寸：49cm×21.6cm×3.2cm
材质：硬木

立秋

Autumn Commences

斗指西南，太阳黄经为135°。
从这一天起秋天开始，秋高气爽，月明风清。
此后，气温由最热逐渐下降。

立 秋

【宋】刘翰

乳鸦啼散玉屏空，一枕新凉一扇风。
睡起秋声无觅处，满阶梧桐月明中。

第 37 候

凉风至

经过大暑的大雨，暑气渐消，刮风时人们会感觉到凉爽，此时的风已不同于暑天中的热风。

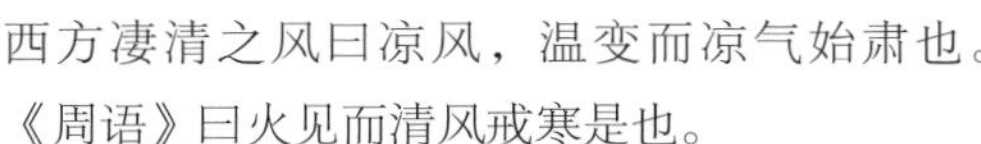

西方凄清之风曰凉风，温变而凉气始肃也。《周语》曰火见而清风戒寒是也。

立秋过后，刮风时人们会感觉到凉爽，此时的风已不同于暑天中的热风。

秋风送爽，夏暑回降。精选的这一组以和合二仙为题材的模具，预示和谐美满。同时也是中国人在祝寿、结婚以及其他重要仪式上的一种民俗体现。和合二仙源自苏州寒山寺里的“寒山”和“拾得”二僧，传说他们是和合二仙的化身。中国人把传统的和睦相处的文化都寄托在和合二仙身上，和合二仙也是江浙地区非常典型和重要的吉祥图案。

这组模具中还有一朵以莲花形象为主的模具，团形的莲花图案，中间刻有“寿字纹”，寓意着和合美满、连年长寿。方形和合二仙的模具尤为特殊，是江浙地区做年糕时使用的造型。连体的和合人物形象，则是山西地区常有的吉庆形象，手持一个花篮，花篮中装着荷花寓意和合美满、和谐共处。和合二仙造型的模具一般用于婚庆团圆时制作点心。

年代：清代
地区：江浙、山西
尺寸：19cm×8.5cm×1.7cm　15.8cm×9.5cm×2.5cm
　　　26cm×8.5cm×2.7cm　26.1cm×9.6cm×2.9cm
材质：硬木

第38候

白露降

立秋后早晚温差渐大，夜间湿气接近地面，在清晨会产生雾气，未凝结成珠，已有秋天的寒意。

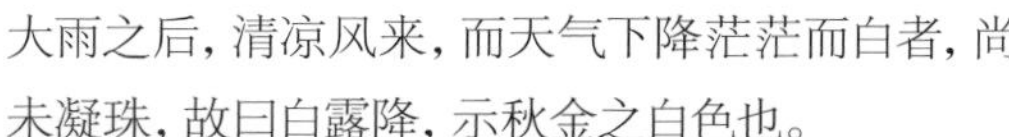

大雨之后，清凉风来，而天气下降茫茫而白者，尚未凝珠，故曰白露降，示秋金之白色也。

模具描绘了陶渊明“采菊东篱下，悠然见南山”的场景。秋季，以这样的一块模具制作点心，代表了对重阳老人、文人雅士赏菊爱菊场景的描述。这样的模具典故，体现出中国人对远离尘世喧哗的隐者生活的一种向往，认为安然于内心的状态才是最幸福的生活方式，借此隐喻对功名利禄的淡泊，同时也在说明情操是值得追求的。

年代：清代
地区：江浙
尺寸：28cm×19cm×3cm
材质：硬木

第 39 候

寒蝉鸣

与夏至第二候『蝉始鸣』相呼应。
在秋天叫的蝉称为寒蝉，寒蝉感阴气而开始鸣叫。

《礼记·月令》：“〔孟秋之月〕凉风至，白露降，寒蝉鸣。”

这一候，大地上早晨会有雾气产生，并且秋天感阴而鸣的寒蝉也开始鸣叫。

在这个时间段，古人也以秋季赶考和金榜题名作为重要的节点。古人认为秋季的科举，是一年一度的盛会。选择的这块人物故事模具里，表现了状元及第、荣耀还乡的场景。可以看到雕刻的造型里，有人为状元开路，有人为其举着华盖，状元骑在马上荣耀而归，体现出古人对金榜题名和锦衣还乡的一种向往。另外一个以寿桃和鹦鹉为造型的陶瓷模具，寓意着长寿、健康，上方的太阳寓意着指日高升。

年代：明代、清代
地区：山西、福建
尺寸：15.9cm×13.1cm×3.6cm
　　　27.3cm×14.9cm×2.6cm
材质：陶瓷、硬木

处暑

End of Heat

斗指戊，太阳黄经为150°。
这时夏季火热已经到头了。
暑气就要散了，
它是温度下降的一个转折点，
是气候变凉的象征，表示暑天终止。

长江二首（其一）

【宋】苏泂

处暑无三日，新凉直万金。
白头更世事，青草印禅心。
放鹤婆娑舞，听蛩断续吟。
极知仁者寿，未必海之深。

第 40 候

鹰乃祭鸟

此节气中老鹰开始大量捕猎鸟类，猎捕后先陈列出来，像祭拜为它牺牲的猎物。

鹰，义禽也。秋令属金，五行为义。金气肃杀，鹰感其气，始捕击诸鸟。然必先祭之，犹人饮食祭先代为之者也。不击有胎之禽，故谓之义。鹰，杀鸟。不敢先尝，示报本也。

这两块模具上的造型是以飞鹰与玉兔、鹿与凤凰为主的,表现出古人对美好生活的向往。图案雕刻非常古朴端庄，动物造型饱满，在古代点心模具里实属难得的精品。图案流畅的描绘甚至可以看到汉代画像石造型的影子，其中飞鹰代表英勇，凤凰代表吉祥，玉兔代表聪明伶俐，鹿则代表长寿、福禄。

年代：清早期
地区：山西
尺寸：38.3cm×14.2cm×2.7cm
43cm×13.5cm×2.7cm
材质：硬木

第 41 候

天地始肃

此时，天地阴气渐起，气温下降，万物开始凋零。

阴之始，故曰天地始肃。阴气的开端，天地开始寒冷起来，万物开始凋零。

古时，秋，不仅是一年劳作的尾声，也是提亲传书的季节。这两块模具是个整套的模具，为喜事和庆典使用。可以看到“福、寿、喜、庆”四字都是被团花围绕，把中国汉字装饰成图案，是非常独特的设计风格与题材，古代人用这种模具制作结婚庆典时所需要装饰的造型，再装饰在更为大型的点心上面。如寿桃上的装饰，或者花馍上的装饰。

年代：清代
地区：山西
尺寸：22.5cm×7.8cm×2cm
　　　20.5cm×6.7cm×2cm
材质：硬木

第 42 候

禾乃登

此时，各种谷类等农作物已经成熟可以收成了，古时农民也会趁此把成熟的禾谷呈献给天子。

“禾乃登”的“禾”是稻、黍、稷、麦、菽类农作物的总称，“登”即成熟的意思。又是一个各种农作物大丰收的时节，所谓“五谷丰登”便是如此。

这是一组描述五谷的点心模具，满字为谷印，代表着满仓，是粮仓里压粮食做记号的一种方式。其他的几个汉字，“永”字、“合”字、“锦”字，分别寓意永久、和合、前程似锦。古人庆祝丰收时，制成带有字号的点心馈赠亲友，成为专属定制的标志。

年代：清代

地区：山西、江浙

尺寸：32cm×12cm×3.5cm　29.5cm×11.5cm×3cm　31.5cm×12cm×3.2cm　27cm×6.3cm

材质：硬木

白露

White Dew

斗指癸，太阳黄经为165° 。
天气转凉，地面水汽结露。

白 露

【唐】杜甫

白露团甘子，清晨散马蹄。
圃开连石树，船渡入江溪。
凭几看鱼乐，回鞭急鸟栖。
渐知秋实美，幽径恐多蹊。

第 43 候

鸿雁来

相对应于雨水第二候的『候雁北』，此节气正是鸿雁南飞避寒之时。

鸿大雁小，自北而来南也，不谓南乡，非其居耳。鸿雁与燕子等候鸟南飞避寒。

模具中描绘的是锦衣还乡、喜结连理、上门提亲的喜庆场景。模具上的双喜字是喜饼的重要标识，中间是状元郎，一侧有人摇着扇子，一侧有人捧着花，寓意着高贵、荣耀的身份。这块模具古人多在提亲、结婚时使用。

年代：清代
地区：福建
尺寸：36.5cm×20cm×3.1cm
材质：硬木

第 44 候

玄鸟归

相对应于春分第一候的『玄鸟至』，燕子春去秋来，于秋天自北方飞回南方。

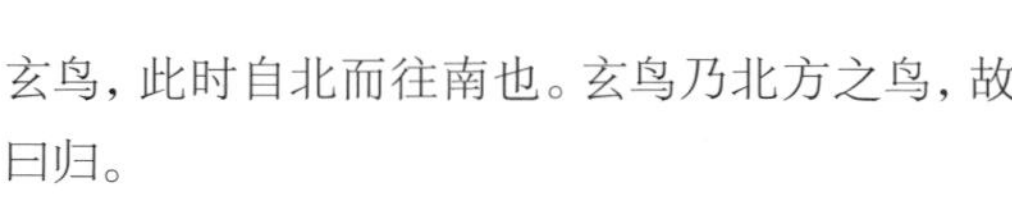

玄鸟，此时自北而往南也。玄鸟乃北方之鸟，故曰归。

中国人对“归”的向往，往往和“荣归故里、衣锦还乡”紧密相关，通常使用带有吉祥语言的饼，作为馈赠亲友定制的礼物。模具中间刻有“三元及第”，代表得到最高荣誉；顶上有宝珠纹，周围环绕的是龙凤呈祥和如意的造型。这块模具也是祭祀祖先、荣耀还乡的一个美好见证，是南方地区祠堂供奉用的，希望家族的子弟们能够连中三元，节节高升，光耀门楣。

年代：清代
地区：福建
尺寸：30.2cm×13.1cm×3.5cm
材质：硬木

第45候

群鸟养羞

此时，群鸟储存食物过冬。可见白露实际上是天气转凉的象征，许多鸟都有换羽行为，开始换上丰满的冬羽，迎接冬天的来临。

三人以上为众，三兽以上为群，群者，众也，《礼记》注曰："羞者，所美之食。"养羞者，藏之以备冬月之养也。羞，粮食也。

百鸟开始贮存干果粮食以备过冬。

池中的鸳鸯到此候就少见了，人间的喜事却接连不断。因此，古人要做鸳鸯饼，到主婚家登门祝贺。图中的这块模具，便描绘了一幅精美的池塘中"鸳鸯戏水"图，上面是莲花和芦苇，寓意同心同德、家庭和睦、喜结连理、百年好合。

年代：清末
地区：山西
尺寸：21.5cm×19cm×3.2cm
材质：硬木

秋分

Autumnal Equinox

斗指己，太阳黄经为180° 。
依我国旧历的秋季论，
这一天刚好是秋季九十天的一半，因而称秋分。

秋 夕
【唐】杜牧
银烛秋光冷画屏，轻罗小扇扑流萤。
天阶夜色凉如水，卧看牵牛织女星。

第 46 候

雷始收声

秋分开始，雷声渐渐消失，古人认为雷是因为阳气盛而发声，秋分后阴气开始旺盛，所以不再打雷了。

雷于二月阳中发生，八月阴中收声。古人认为雷是因为阳气盛而发声，秋分后阴气开始旺盛，所以不再打雷了。

此候一过，藤上的葫芦瓜熟蒂落。葫芦也是我国传统纹样中最常出现的祥瑞符号。此款模具中，将葫芦的外形又赋予了更多的深意。顶部花开纹样，底部走兽纹样。花，寓意着“花开富贵”；走兽，兽与寿同音，寓意着“健康长寿”。同时，葫芦与“福禄”同音，寓意着“福禄双全”。

年代：清代
地区：山西
尺寸：18.2cm×6.7cm×3.4cm
材质：硬木

第 47 候

蛰虫坯户

此时，众多小虫都已经穴藏起来，还用细泥封实洞穴以避免寒气侵入。

坯，细泥也。天气变冷，蛰居的小虫开始藏入穴中，并用细泥将洞口封起来，以防寒气侵入。

不仅仅“蛰虫坯户”，人们也开始“完亲入房”。图中的模具就是喜饼中的典型模具，是女方陪嫁的物件。这种模具一定以“一双”的形式出现，寓意着“好事成双”。中间雕刻着象征着“百年好合”的荷花，外围用沥粉技艺描绘着精美的金边，造型精致，美轮美奂。

年代：清代
地区：山西
尺寸：29.2cm×7.8cm×3cm
　　　28cm×8.2cm×3.4cm
材质：硬木

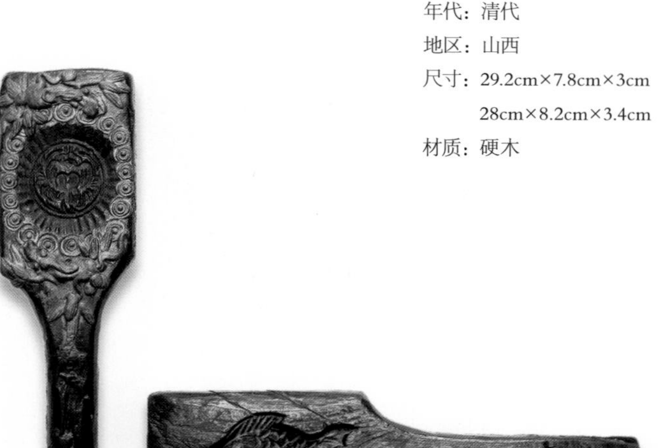

第 48 候

水始涸

春夏之际，华北地区降雨较为丰沛，而到了秋天开始干涸，夜间无云，河川流量也开始变小，在中秋即有赏月、祭月的习俗。

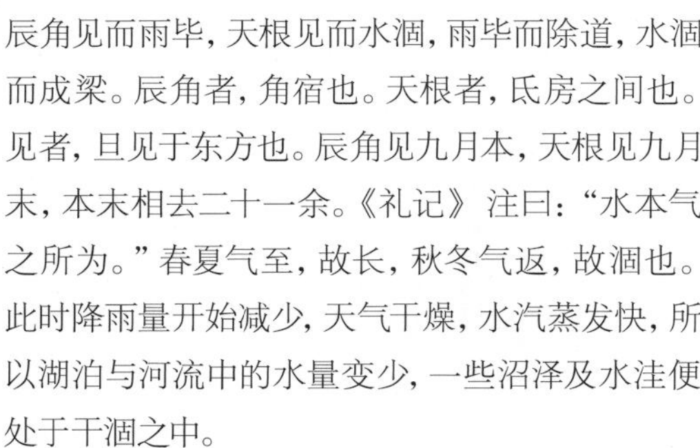

辰角见而雨毕，天根见而水涸，雨毕而除道，水涸而成梁。辰角者，角宿也。天根者，氐房之间也。见者，旦见于东方也。辰角见九月本，天根见九月末，本末相去二十一余。《礼记》注曰："水本气之所为。"春夏气至，故长，秋冬气返，故涸也。此时降雨量开始减少，天气干燥，水汽蒸发快，所以湖泊与河流中的水量变少，一些沼泽及水洼便处于干涸之中。

这个气候恰好临近中国的中秋节。我们搜集到的这块模具，是一个典型的描绘中秋月宫的图案。繁茂的桂花树环绕着广寒宫，玉兔和嫦娥在广寒宫的一左一右交相辉映，玉兔在捣着长生不老药，希望中秋的月饼能给大家带来长寿和吉祥。嫦娥作为仙宫的仙女，给大家带来中秋的祝福和问候。这件模具也是经典的山西晋南地区制作月饼的原型。

年代：清代
地区：山西
尺寸：32cm × 24cm × 3.5cm
材质：硬木

寒露

Cold Dew

斗指甲，太阳黄经为195°。
寒是露之气，先白而后寒。
水汽则凝成白色露珠。

月夜梧桐叶上见寒露

【唐】戴察

萧疏桐叶上，月白露初团。
滴沥清光满，荧煌素彩寒。
风摇愁玉坠，枝动惜珠干。
气冷疑秋晚，声微觉夜阑。
凝空流欲遍，润物净宜看。
莫厌窥临倦，将晞聚更难。

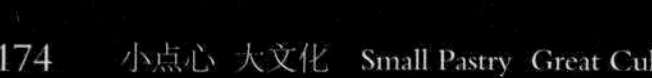

第 49 候

鸿雁来宾

寒露节气来临时，鸿雁南下时间比较长，因为同一种类的候鸟也会有先来后到的区别。

宾，客也。先至者为主，后至者为宾，盖将尽之谓。鸿雁排成一字或人字形的队列大举南迁。

秋，为金，财富丰收的时节。秋高气爽，大雁南飞。湛蓝的天空中，金光普照。在这一候中，石榴正成熟，古人将石榴视为寓意美好的食物。画面中的模具以石榴为题材，丰盈饱满，相依相连。回门的新人，往往可以得到这样的石榴喜饼，寓意着“多子多福、好事成双”。这是一个连体的石榴造型，上面写了“自力更生”字样，大家希望在这个时代背景下生产力蓬勃发展，能够丰衣足食。

年代：近代
地区：山西
尺寸：20.5cm×10.2cm×3.7cm
　　　20.5cm×10.2cm×3.7cm
材质：硬木

第50候

雀入大水为蛤

传说中鸟雀于深秋潜入大水（大水指海），而蛤（蛤是指蛤蜊类的贝壳）的条纹色泽又与鸟雀近似，在深秋天寒时节，蛤类会大量繁殖，故以为是雀鸟所化。

飞者化潜，阳变阴也。深秋天寒，雀鸟都不见了，古人发现海边突然出现很多蛤蜊，而且条纹及颜色与雀鸟很相似，所以便以为是雀鸟变成的。

这是一块以水生动物为题材的模具。在模具里出现水生动物的形象，除了鱼，就以这块模具最为典型。模具里出现了一个法螺的形象，螺有包容与长久的寓意。在宗教信仰里螺是一种法器，以传播能量为主，代表了福寿或者能量的聚集。螺的造型与寿字结合，代表了生生不息的长寿和能量，给大家带来健康和长寿。法螺造型也经常在祝寿或法事活动时出现。

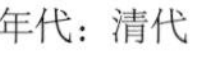

年代：清代
地区：江浙
尺寸：27.6cm×8.8cm×2.3cm
材质：硬木

第 51 候

菊有黄华

在此时，菊花已在各地普遍开放。

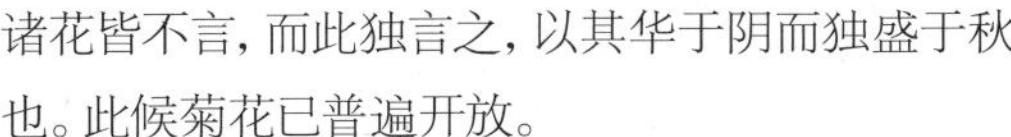

诸花皆不言，而此独言之，以其华于阴而独盛于秋也。此候菊花已普遍开放。

菊花盛开的时节，人们迎来了“重阳节”。在松树下是福禄寿三星，两侧是喜庆的孩童，仙鹤在周围展翅舞动。古人用这种三星高照的形象表达对老人长寿的祝福。

年代：清代
地区：福建
尺寸：39.2cm×23.5cm×3.7cm
材质：硬木

霜降

First Frost

斗指戌，太阳黄经为210°。
天气已冷，开始有霜冻了，所以叫霜降。

枫桥夜泊
【唐】张继
月落乌啼霜满天，江枫渔火对愁眠。
姑苏城外寒山寺，夜半钟声到客船。

第 52 候

豺乃祭兽

此节气中豺狼将捕获的猎物先陈列再食用。七十二候中用了『獭祭鱼』、『鹰乃祭鸟』及『豺乃祭兽』三『祭』，代表了天地间可潜入水者（獭），可飞上天者（鹰）及地上走兽（豺）三者，在时间上跨越了春、夏、秋三季。

孟秋鹰祭鸟，飞者形小而杀气方萌，季秋豺祭兽，走者形大而杀气乃盛也。

豺狼将捕获的猎物先陈列再食用。

古人用一个行走的豺形象表示对原始动物的崇拜，认为豺是凶猛的野兽。在古代，这个季节，人们也会用各种猛兽来祭祀上天，祈求护佑。这也是山西地区带有游牧风格的一种题材。

年代：清代
地区：山西
尺寸：26.5cm×7.5cm×2.6cm
材质：硬木

第53候

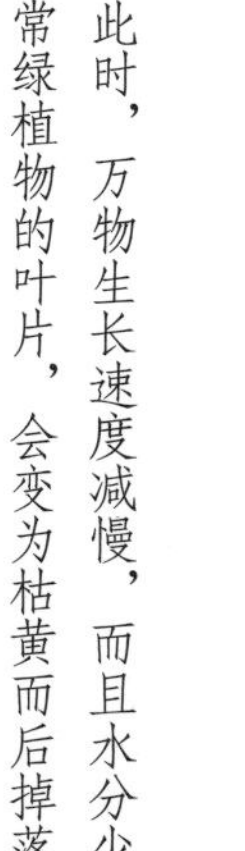

草木黄落

此时，万物生长速度减慢，而且水分少，常绿植物的叶片，会变为枯黄而后掉落。

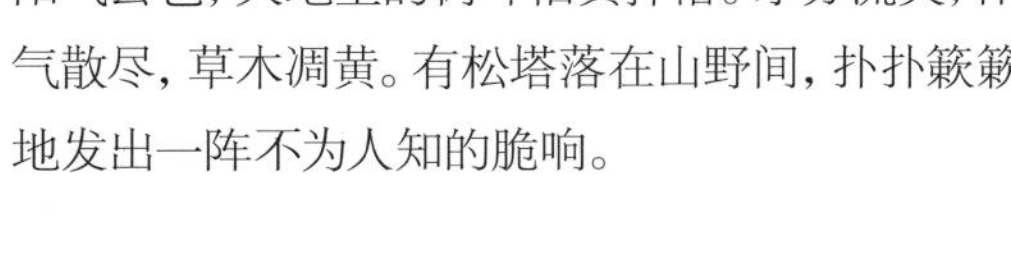

阳气去也，大地上的树叶枯黄掉落。水分流失，阳气散尽，草木凋黄。有松塔落在山野间，扑扑簌簌地发出一阵不为人知的脆响。

这个季节，既是草木凋零的季节，同时也是丰收的季节。模具中描绘的是应季的瓜果，佛手、寿桃、石榴簇拥着中心的团花，勾勒出一幅富贵吉祥的画面，表达出“仙福永寿、百子千孙”的美好寓意。

年代：清代
地区：山西
尺寸：22.8cm×12.2cm×2.2cm
材质：硬木

第 54 候

蛰虫咸俯

此时，即将迎来寒冷的冬季。『咸俯』是垂头不动的样子，指各种过冬的小虫在其藏身之处不食也不活动的现象，静静地进入冬眠。

俯，蛰伏也。蛰虫也全在洞中不动不食，垂下头来进入冬眠状态中 。秋收冬藏，秋冬交迭。

图为江浙地区非常重要的祭神模具。它以四片莲瓣形的造型为主，组合在一起时，形成一个寿桃的形状；每一个"花瓣"上有两位神仙，雕刻着"八仙寿桃" 的字样，放在一起组成一幅八仙献寿的画面。

年代：清代
地区：江浙
尺寸：19cm×16.8cm×24.8cm
材质：硬木

立冬

Winter Commences

斗指乾，太阳黄经为225°。
冬，作为终了之意。
农事息，万物藏。

立冬即事二首（其一）
【宋】仇远
细雨生寒未有霜，庭前木叶半青黄。
小春此去无多日，何处梅花一绽香。

第 55 候

水始冰

立冬后，中国北部天气已经寒冷，水泽开始结冰，冰面尚薄。

水已经能结成冰。

立冬，预示着一个“收敛、藏匿”的季节悄然而至。立冬首候，水已经开始结冰，厚厚的冰层藏住了鱼味的鲜美，智慧的古人却可以用另外一种形式满足自己的味蕾。图中这块模具源自云南大理地区，正面是一条非常生动的鲤鱼，背面是花开富贵的图案，鲤鱼的造型生动活泼，有云南地区点心的造型特点。冬天一家人围坐暖炉，吃一块手作点心，煮一壶暖身小酒，其乐融融，何等惬意。

年代：清代
地区：云南
尺寸：40.6cm×15.6cm×3.5cm
材质：硬木

第 56 候

地始冻

此时，土壤中的水分因天冷而凝冻，土壤开始变硬，最终冻结。

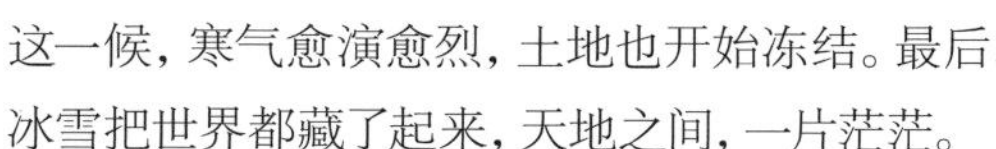

这一候，寒气愈演愈烈，土地也开始冻结。最后，冰雪把世界都藏了起来，天地之间，一片茫茫。

图中模具形如古锤状，上下由方形和圆柄组成，寓意着天圆地方。“天时锤”的造型作为模具极为少见。四边的石榴图案，寓意着长寿、富贵，立体感非常强，雕刻工艺精湛。它既是点心模具，也是祭祀活动使用的道具，让人觉得充满了能量。

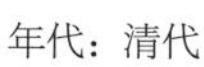

年代：清代
地区：江浙
尺寸：20cm×9.5cm×20cm
材质：硬木

第 57 候

雉入大水为蜃

立冬后，野鸡一类的大鸟少见了，而海边却可以看到外壳与野鸡的线条及颜色相似的大蛤。

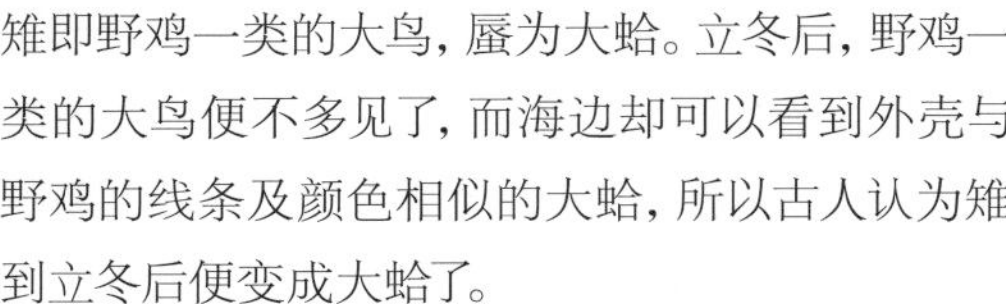

雉即野鸡一类的大鸟，蜃为大蛤。立冬后，野鸡一类的大鸟便不多见了，而海边却可以看到外壳与野鸡的线条及颜色相似的大蛤，所以古人认为雉到立冬后便变成大蛤了。

此时，冬天已经到来，亲朋好友开始相互问候，交流日渐密切，许久不见的人们也相约一起返乡，筹备着回家能过个团圆年。这两块模具，一块刻有手持拂尘的道教仙童形象，另一块刻有衣锦还乡的官员形象。

年代：清代
地区：山西
尺寸：15.5cm×5.9cm×2.7cm
26.1cm×7.3cm×1.5cm
材质：硬木

小雪

Light Snow

斗指已，太阳黄经为240°。
气温下降，开始降雪，
但还不到大雪纷飞的时节，所以叫小雪。
小雪前后，黄河流域开始降雪，
而北方，已进入封冻季节。

小雪日戏题绝句
【唐】张登
甲子徒推小雪天，刺梧犹绿槿花然。
融和长养无时歇，却是炎洲雨露偏。

第 58 候

虹藏不见

天虹出现是因为天地间阴阳之气交泰之故，而此时阴气旺盛阳气隐伏，天地不交，所以虹也藏起来了。

季春阳胜阴，故虹见；孟冬阴胜阳，故藏而不见。“藏”为上的季节，养生也顺应自然规律。气温急剧下降，天气变得干燥。

这里精选出了七块不同造型、姿态各异的猴子题材模具。猴子向来有“封侯拜相”的寓意，当与桃子结合在一起，又有了长寿和祥瑞的象征。其中，拥抱在一起的猴子形象模具也称为“辈辈封侯”。

《西游记》里的美猴王孙悟空无所不能，英勇善战，一路降妖伏魔，战无不胜，是聪明伶俐、思维敏捷的象征。古人把多种寓意融会在猴子身上，这种造型的模具也在北方地区长盛不衰，是非常重要的一种点心题材。

年代：清代、民国
地区：山西、山东
尺寸：15.2cm×10cm×3.2cm　20.6cm×6.2cm×1.9cm
19.3cm×5.5cm×2.1cm　16.9cm×8.6cm×4.1cm
27.3cm×12.2cm×3.2cm　25cm×11.6cm×2.7cm
25.8cm×9.6cm×3.5cm
材质：硬木

第 59 候

天气上升　地气下降

此时，由于天空中的阳气上升，地中的阴气下降，导致天地不通，万物寂然。

顾名思义，天地阴阳之气交换。

这块模具结合了抽象的几何纹理，外方内圆，是中国传统文化中天圆地方的一种表现手法。模具的背后有葫芦和方胜，寓意福禄长久、万寿无疆，充分阐释了长寿与自然结合的天人合一的养生理念。

年代：清代
地区：福建
尺寸：18cm×8.8cm×2.3cm
材质：硬木

第 60 候

闭塞而成冬

由于天地之气闭塞，因此万物失去生机，从而进入严寒的冬天。

阳气下藏地中，阴气闭固而成冬。

这一候，天空中的阳气上升，地中的阴气下降，导致天地不通，阴阳不交，所以万物失去生机，天地闭塞而转入严寒的冬天。

这个时候大家都开始筹备新春的点心。五福题材的点心在中国古代节庆中非常重要。五福包括长寿、富贵、康宁、好德、善终，分别代表命不夭折而寿数绵长、钱财富足而地位尊贵、身体健康而内心安宁、心性仁善而顺应自然、安详离世而饰终以礼。图中模具首尾端拥有两只蝙蝠，也进行了精心的装饰，蝙蝠和五孔的造型结合，意为五"蝠"临门，五个孔里的图案，也分别代表了长寿、富贵、康宁、好德、善终。

年代：清代
地区：江浙
尺寸：51cm×7.7cm×4.4cm
材质：硬木

大雪

Great Snow

斗指癸，太阳黄经为255°。

大雪前后，黄河流域一带渐有积雪。

而北方，已是“千里冰封，万里雪飘”的严冬了。

江雪

【唐】柳宗元

千山鸟飞绝，万径人踪灭。

孤舟蓑笠翁，独钓寒江雪。

第 61 候

鹖旦不鸣

鹖旦是一种在冬季仍会鸣叫的鸟，亦称寒号鸟，但到了大雪时节，也感受到天气寒冷，不再鸣叫了。

鹖旦，夜鸣求旦之鸟，亦名寒号鸟，乃阴类而求阳者，兹得一阳之生，故不鸣矣。因天气寒冷，寒号鸟也不再鸣叫了。

大雪，寒气封冻，人们藏五谷，祭祀神明。这块由黏土翻制的点心模具收集于我国的云南大理地区，是供奉佛教所使用的一种模具。模具中大鹏金翅鸟的造型，据说是佛陀的守护神，寓意守护平安、降魔除恶。其中金翅鸟嘴里叼着妖龙，据经典记载，人类之初大地上布满了巨大的妖龙，人类无法生存，如来佛祖就派大鹏金翅鸟去啄走了妖龙，后来这个形象就成为人们祈求平安的心灵寄托。

年代：清代
地区：云南
尺寸：28.2cm×19.1cm×6.5cm
材质：陶土

第62候

虎始交

此时，阴气盛极将衰，充满阳刚之气的老虎开始有求偶行为，表示阳气开始萌动。

虎本阴类，感一阳而交也。此时是阴气最盛时期，正所谓盛极而衰。阳气已有所萌动，所以老虎开始有求偶行为。

老虎在传统纹样中，同样有着深厚的寓意。人们常用“虎头虎脑”“虎虎生威”来祝愿新生儿健康茁壮成长。模具中图案体现的是“武松打虎”的经典场景，这个题材妇孺皆知，是英勇和威武的象征。这样造型的点心寓意孩子能够健康成长，勇敢地战胜一切困难。把中国古典的人物故事刻画在模具里，也是中国文化特征的一个体现。

年代：清代
地区：湖北
尺寸：35.9cm×27.7cm×2.8cm
材质：硬木

第 63 候

荔挺出

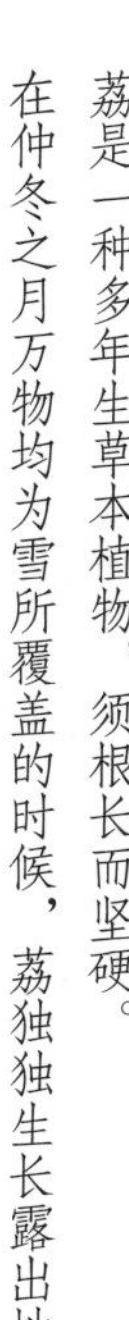

荔是一种多年生草本植物，须根长而坚硬。在仲冬之月万物均为雪所覆盖的时候，荔独独生长露出地表。

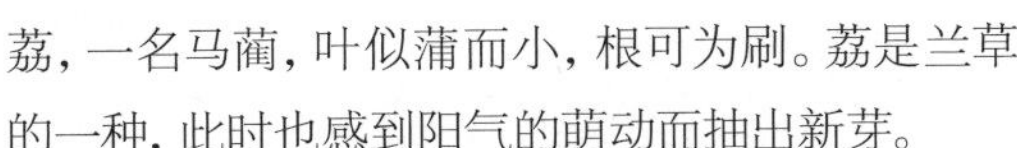

荔，一名马蔺，叶似蒲而小，根可为刷。荔是兰草的一种，此时也感到阳气的萌动而抽出新芽。

阳气萌动，万物新生。在期待新生的同时，人们也祈祷着福寿。我们选择了以天官赐福系列题材为主的模具，长寿老人和鱼寓意福寿延年、节庆有余；多孔图案祭祀的福星代表福泽绵长、禄运亨通；万寿纹四周环绕着一圈南瓜，象征着子孙瓜瓞绵延。在此候中，希望给大家看到的是中国民间信仰和文化之间的一种联系。这些题材的模具也是中国古人在祝寿、祭祀祖先时常用的装饰物。

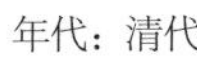

年代：清代
地区：山西
尺寸：16.8cm×4.7cm×2.4cm　21.5cm×9.2cm×2.6cm
38.7cm×11cm×3.2cm　25.4cm×9.9cm×3.2cm
8.2cm×1.8cm
材质：硬木

冬至

Winter Solstice

斗指子，太阳黄经为270°。
开始进入数九寒天。

满江红·冬至
【宋】范成大
寒谷春生，熏叶气、玉筒吹谷。
新阳后、便占新岁，吉云清穆。

第 64 候

蚯蚓结

此时蚯蚓仍交缠成结状，缩成一团在土里过冬。

阳气未动，屈首下向，阳气已动，回首上向，故屈曲而结。传说蚯蚓是阴曲阳伸的生物，此时阳气虽已生长，但阴气仍然十分强盛，土中的蚯蚓仍然蜷缩着身体。

这块模具造型非常奇特，抽象又传统，表现的是两只交尾的神兽，组成如意的造型。这个纹样非常古老，甚至可以追溯到青铜时代，寓意着生命周而复始和天地阴阳交合。

年代：清代
地区：山西
尺寸：19.8cm×4.7cm×2.3cm
材质：硬木

第 65 候

麋角解

麋和鹿相似而不同种，鹿是山兽属阳，麋是喜爱水泽的阴兽，夏至时鹿感受阳气渐退而解角。

麋，阴兽也，得阳气而解。

麋与鹿同科，却阴阳不同，古人认为麋的角朝后生，所以为阴，而冬至一阳生，麋感阴气渐退而解角。

麋鹿在古代被视为神物，认为能给人们带来吉祥、幸福和长寿。因此，在此候中，古人常做寿形点心，认为"寿星乘鹿而至"，祝愿长者能够"健康长寿，鹿鹤延年"。模具中长寿寿星的图案，一手持鹿角拐杖，一手端着仙桃，寓意福禄和长寿，雕刻得栩栩如生，人物造型比例匀称，是不可多得的祝寿题材的模具。

年代：清早期
地区：山西
尺寸：35cm×9.7cm×3.1cm
材质：硬木

第 66 候

水泉动

深埋于地底之水泉，阳气引发，水仍可流动未完全结冻。

古人认为，水乃天一之阳所生，阳气初生，此时山中泉水可以流动并且温热，静静地流淌出波纹。水波纹则成为"生生不息"的象征，祝愿来年和顺平安。

在这块模具里，鱼在水中，龙已经在云中腾飞起舞。鱼化为龙是中国传统寓意纹样，亦名"鱼龙变化"，也是中国点心模具里非常重要的一个题材。

年代：清代
地区：山西
尺寸：29.3cm×10.6cm×3.5cm
材质：硬木

小寒

Moderate Cold

斗指子，太阳黄经为285°。
冷气积久而寒。

小 寒

【现代】吴藕汀

众卉欣荣非及时，漳州冷艳客来贻。
小寒惟有梅花饺，未见梢头春一枝。

第 67 候

雁北乡

古人认为候鸟中雁是顺阴阳气而迁移的，此时阳气已经发动，雁群启程自南方开始往北飞回故乡。

一岁之气，雁凡四候。如十二月雁北乡者，乃大雁，雁之父母也。正月候雁北者，乃小雁，雁之子也。盖先行者其大，随后者其小也。此说出晋干宝，宋人述之以为的论。古人认为候鸟中大雁是顺阴阳而迁移，此时阳气已动，所以大雁开始向北迁移。

这块寿纹长柄祥云模具很别致，在如意祥云映衬下的寿字纹样，显得格外简洁，四周环绕着素雅的宽边。从模具外形来看，代表着阳寿，人的生命充满着能量；祥云缭绕，祈祷着人们的平安。这块模型也是当时古人为了祝寿而特制的优雅造型。中国有些模具不只是简单的制作工具，更涵盖了宗教礼仪和信仰活动的文化。

年代：清代
地区：山西
尺寸：28.6cm×12.9cm×2.5cm
材质：硬木

第 68 候

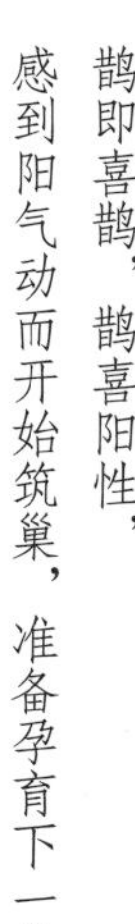

鹊始巢

鹊即喜鹊，鹊喜阳性，感到阳气动而开始筑巢，准备孕育下一代。

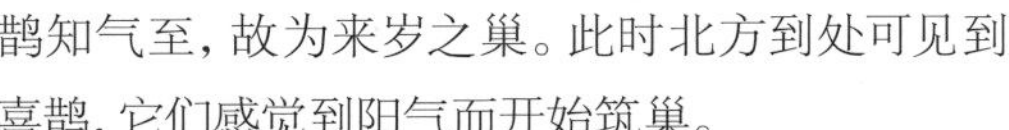

鹊知气至，故为来岁之巢。此时北方到处可见到喜鹊，它们感觉到阳气而开始筑巢。

喜鹊向来被赋予“喜庆吉祥，枝头报喜”的寓意。到这一候，喜鹊筑巢，则是“喜到家中”的寓意。古人在此时，制作龙凤呈祥饼，送给新人，用于婚典，寓意着“龙凤呈祥”“筑巢引凤”。模具中，八瓣菱花纹包裹着团花纹，正中央的龙凤呈祥纹样盘旋着喜字，栩栩如生，气韵不凡。菱花代表花开富贵，花中映衬龙凤，也使得造型更为新颖奇特，也是高贵、祥瑞、喜庆的象征。

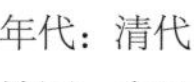

年代：清代
地区：山西
尺寸：41.4cm×20.6cm×4.1cm
材质：硬木

第 69 候

雉雊

与雉鸡啼叫一样，此时表现出冬至后的阳气萌动。

雊，雉鸣也。雉火畜，感于阳而后有声。雉在接近四九时会感阳气的生长而鸣叫。枯黄的草丛中，听得见阳气蔓延的生机。

年关之至，合家祈福。祈福的点心，依据寓意和用途的不同，而图形各异。画面中的模具左上方为状元骑马报喜，常用于赠送学子；右上方的方形篆书百福纹路，常作祝寿之礼；中间有凤凰麒麟，寓意早生麟儿，多为喜庆之选；下有坐在莲花上的神灵、独立的狮子和仙人等，分别寓意着喜传捷报、福气绵长、事事如意。

年代：清代
地区：福建
尺寸：10.3cm×6.3cm×2.2cm　12.6cm×7.9cm×2.2cm
12.6cm×9.7cm×2.2cm　21cm×6.6cm×1.8cm
36.7cm×10.7cm×2.8cm
材质：硬木

大寒

Severe Cold

斗指丑，太阳黄经为300°。
大寒前后是一年中最冷的季节。
大寒正值三九刚过，四九之初，
谚云：“三九四九冰上走。”

和仲蒙夜坐

【宋】文同

宿鸟惊飞断雁号，独凭幽几静尘劳。
风鸣北户霜威重，云压南山雪意高。
少睡始知茶效力，大寒须遣酒争豪。
砚冰已合灯花老，犹对群书拥敝袍。

第 70 候

鸡乳

进入大寒节气，母鸡开始孵育小鸡。

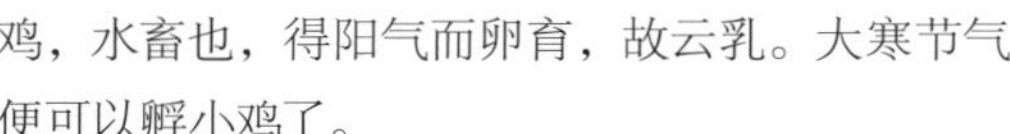

鸡，水畜也，得阳气而卵育，故云乳。大寒节气便可以孵小鸡了。

生命在这样的交迭中，生生不息。人们孕育新生，也敬奉长者，传递着中国人的家国情谊。年关在即，敬长祝寿，是人们沿续千百年的习俗。图中选择的模具是潮汕民俗最著名的红漆桃粿模具，手工雕刻的万寿花纹环绕着寿字。红色代表着幸庆和吉祥，同时红漆还可以起到防止蛀虫损坏模具的作用。翻制出来的红桃粿也是潮汕著名的小吃，反映了人们祈求幸福生活的愿望。

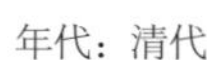

年代：清代
地区：广东
尺寸：25.6cm×12.8cm×3.3cm
材质：硬木

第 71 候

征鸟厉疾

鹰隼之类的征鸟因受饥寒交迫之苦，仍翱翔于天际，展现杀伐的本能追捕猎物，以补充身体的能量抵御严寒。

征鸟，鹰隼之属，杀气盛极，故猛厉迅疾而善于击也。

鹰隼之类的征鸟，此时正处于捕食能力极强的状态中，盘旋于空中到处寻找食物，以补充身体的能量抵御严寒。

天气严寒，但是此候临近春节，百姓人家开始热闹起来。街市上，舞龙舞狮也开始操练起来。狮子在中国向来都代表着“事事美满”“万事如意”，同时也是看家护院、镇宅驱邪的守护兽。在汉代，狮子随着丝绸之路进入中国，逐渐融入到中国人的日常生活中，演变成中国文化里非常重要的一个吉祥形象。这块立体的狮子形象模具，雕刻了经典的“狮子滚绣球”画面，是中国传统的吉祥图案。

年代：清代
地区：江浙
尺寸：19.5cm×13.9cm×8.3cm
材质：硬木

第 72 候

水泽腹坚

此时寒冷至极，河水结冰，形成又厚又硬的冰块。

阳气未达，东风未至，故水泽正结而坚。

在一年的最后五天内，水域中的冰一直冻到水中央，且最结实、最厚。纵然天寒地冻，却也在寒冷之中孕育着福气。

年关在即，中国人将迎来最重要的节庆——春节。这块以“双寿”“五福”图形为主的长方形模具，也是古人制作年糕非常重要的题材之一。春节的时候，方形的年糕是家家户户都享用的美好食物。雕刻的五个福字寓意着五福临门，两侧的双寿字样则代表了福寿双全。中国人在春节的时候贴福字，迎福到家，这种风俗传承至今。

年代：清代
地区：福建
尺寸：22cm×16.3cm×7.2cm
材质：硬木

第五章

小碰撞，大发展

——中式点心的机遇

Chapter 5
Small Collisions，Great Development
Opportunities for Chinese Pastry

于进江
古代点心模具艺术展 · 对话
Exhibition About Chinese Ancient Dessert Models
By JinjiangYu
2017.10.1–10.8
北京 798 艺术区 悦 · 美术馆
BEI JING 798
Enjoy Museum of Art
B06 No.797 Road
798 Art Zone
No.2 Jiuxianqiao Road
Chaoyang District
Beijing

主题：中国点心的希望与节气养生

2017.10.1

嘉宾：杜国楹　杨志敏　胡延滨　于进江　　主持人：非　飞

杜国楹，商业品牌运作大师，先后创立背背佳、好记星、E人E本、8848钛金手机、小罐茶等家喻户晓的商业品牌及产品，现任小罐茶董事长。

杨志敏，广东省中医院副院长，主任中医师，博士生导师，“和态健康观”中医整体健康理论创始人。

胡延滨，广东省中医院党委副书记，广东省保健行业协会第一届岭南养生文化研究促进会常务委员、广东省卫生记者协会秘书，中国中医药报社驻地记者。在医院文化建设及媒体公关、中医药文化传播等方面具有丰富的经验。

于进江，于小菓品牌创始人，容与设计创始人，小罐茶联合创始人，灵山集团文化设计顾问，中国新锐艺术家。热衷于传统文化与艺术研究。从事商业视觉设计，长期致力于视觉设计在品牌传播与营销中的运用及实践，成功塑造了E人E本、8848钛金手机、小罐茶、广誉远、燕之屋、灵山小镇·拈花湾等国内知名品牌的视觉设计。

非飞，资深设计师，中国一线设计平台艺酷创始人，创意瓶装水品牌SUPERWATER创始人。具有广告、品牌、设计、影视、营销、商业地产等跨领域多行业从业经验，现致力用创意设计让生活更美好的事业。

主持人：欢迎大家关注“于进江古代点心模具艺术展的论坛对话”环节，在接下来的八天，我们会从不同的领域，来集中探讨中式点心的历史与发展。今天讨论的话题是中式点心的市场及养生文化，请问杜总看完展览之后，对中式的点心和这个展览有没有什么想法？

杜国楹：中式点心跟中国茶很像，品类非常多，但主导品牌不强，市场非常分散。我曾了解了一下这个行业，发现中式点心的市场机遇广阔，有很强大的生命力。和中国茶很相似，中国茶有几千年的历史，有一半的中国人常年喝茶，喝什么？喝龙井，但喝什么品牌的龙井，不知道。中国的点心行业也是一样，全国每一个地区都做点心，但老字号呢？太传统了。产品形态传统、口感传统，对今天的 80 后、90 后来讲，可能吸引力不是特别大。就像今天看这次展览一样，展示的每一块模具都是传统的，而展览中的福禄娃这个形象是现代的。我觉得传统的东西在今天这样一个新的历史时期，需要用现代的手段重新呈现。我们要重新研究今天的主流消费者，以及他们对口感、产品包装方式、品牌的调性，一定不是简简单单的像过去讲的京八件那些东西，吃完了之后没有太多的记忆，再买再吃的意愿不是特别强。我觉得要从商业视角需要去发现中式点心，改变中式点心。

中国茶也是一样。我们在茶行业的所有的创新思维、推广方法，在点心品牌上，一样是可行的。

小碰撞，大发展
Small Collisions, Great Development

主持人：听完杜总您讲的这些，感觉我们今天的讨论正在颠覆一个行业。杨院长，在点心与养生饮食这块，如果说我们瞄准这个品类，是不是有不同于其他中式点心的制作方法？以前的点心和我们现在吃的，能不能在这里边找出一些可结合的点？

杨志敏：今天很高兴和跨界的专家在一起交流中式点心。其实我们以前吃点心是为了生活的饱腹感，那在今天除了饱腹感还有美感。这次展览看到的这些模具图案各有特色，非常精致。中国人把好的愿望都刻在模具里边，它带着那个时代的记忆。然而我们这个时代应该为下个时代留下什么样的记忆和符号？这是我们这个时代的人，要结合前一辈人留下的东西和我们的时代需求而去思考的。我觉得市场跟产品必须符合时代人的生活方式和生活定位，现在已经摆脱了、超越了饱腹的问题，追求在吃的过程中要有美的享受，要有时尚的感觉，而且要对健康有好处。现在人们吃东西讲究热量、油量、糖量控制，关心自己的体重控制，这么多的控制之下，肯定要选择健康的、美的，并且吃的东西代表了时代的一种符号。

现在年轻人为什么愿意选择这个产品？是因为它代表了这个时代的符号。所以我觉得我们在未来的研究里面，点心应该具有形态的特征，色彩的特征，还有配方的特征，最后还有一个包装设计的元素的组合，让人家一看到这些东西融合在一起，就觉得它代表着健康、美、时尚。我在研究古代的一些膳食时，发现古人很讲究节气的养生与时令的滋补。广东人最爱吃的东西有汤、有茶、有粥、有点心，其实点心的制作也很讲究，什么时候吃，给什么人食用，都有不同的要求。而且我觉得南北方的点心是不一样的。广东点心和茶是最佳拍档，因为

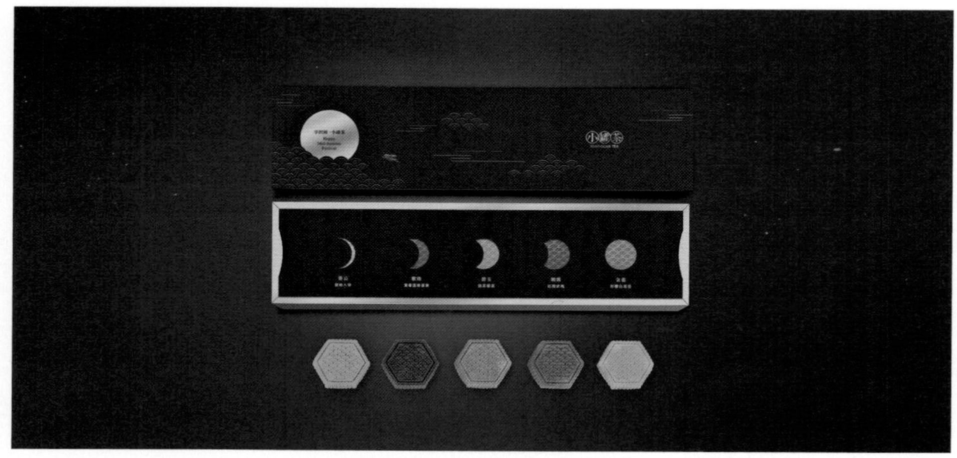

点心含糖成分多，人吃了会容易有饱腹感，会腻，但茶可以很好地分解油腻感。怎么将茶与点心二者有机地结合起来？一定是很重要的问题。现在很多年轻人生活中不一定选择只喝咖啡，也会选择品一杯茶、吃块点心，这样的简单的中式生活方式，也一直没有离开我们的生活。符合生活的需求做产品开发，一定会带给现代人一次生活品质的升级。

主持人：我们现在讨论的是一个商业的新的生活理念。胡书记，您作为一位从事医学研究的专家，从您的角度，怎样看这次古代点心模具艺术展？有什么感受？

胡延滨：首先我是一个观众，从普通人角度观看这次展览的时候，最大的收获是发现了吃之上的精神追求。我们过去老说“舌尖上的中国”，认为中国人最会吃，什么都和吃有关。我们中国人过节，基本上也是以吃来定义的。但实际上，当你真的看到这些展览的模具后你会发现，有不同的节日题材与不同的图形寓意。我们中国人的传统，不仅仅是吃这么简单，这些模具中雕刻的艺术图案透露的是吃之上的精神追求，我觉得中国人在模具上表现这种精神文化的手法最高明。

刚才杜总讲得特别好——“重新发现”。到了今天这样的一个时代，中国人需要发现自己的东西：究竟什么是不变的，什么是要变的；什么是应该传承的，什么是应该创新的。我觉得这是特别重要的问题。于进江是我们的好朋友，我特别佩服他的一点，他不仅能做好现代的商业设计，也能把握好现代人的商业需求。他的设计很有自己的文化特点，但更重要的是他在做设计的过程中一直在找寻中国人生活中的中国元素，这些东西实际上是活生生的，在普通民间、人们的生活里边，仍然具有很强很强的生命力，把这些元素聚集起来，

重新赋予一个呈现它们的机会的时候，你会发现这些司空见惯的东西里边有很多被我们忽略的价值。这就有点像我们今天传承很多东西，都过分强调了它和这个时代的接近程度，我们会用现代的眼光去看中国传统的东西，认为越符合我们现代理念的东西，才是好的、值得发现和弘扬的。实际上我觉得这应该是一种文化的遗漏，真正有价值的东西，往往在你生活里并不起眼，只是你没有给它一个位置。

现在的生活中，很多中国人讨论中医，会强调疗效，治大病、治怪病、治疑难病，甚至把它神化。

其实在中医的观点中，从来不认为世界上有神药，中医之所以能够帮助人们解决健康和疾病的问题，是因为生命本身具有神奇之力，《黄帝内经》里有一句话叫“上守神”。更重要的是中医已经渗透到中国人的生活中，中国的二十四节气里都能够找到中医的元素，每一种饮食都能够发现中医的存在，我们今天的点心里，同样都有养生的价值在里边，还有我们说的茶……换句话说，中国人生活里就藏了太多太多几千年承载下来的宝贵东西，而在今天，人们日用而不知，很多人还会认为它们比较土，或者用另外一种眼光看待它们，认为不够好、不够科学、不够现代、不够潮。实际上今天进江做的事情，就是把这些东西摆到一个恰当的位置上，然后你突然发现所谓的潮与不潮，只是你心中的一个结而已，你换个角度来看，它的价值就呈现出来了。

我觉得今天文化界很重要的一个工作，就是必须重新发现中国人的生活方式，重新发现中国人生活方式中的美和追求，然后把这些东西呈现出来。中国人应该过自己的日子，不应该是日式的，也不应该是欧式或者是美式的。

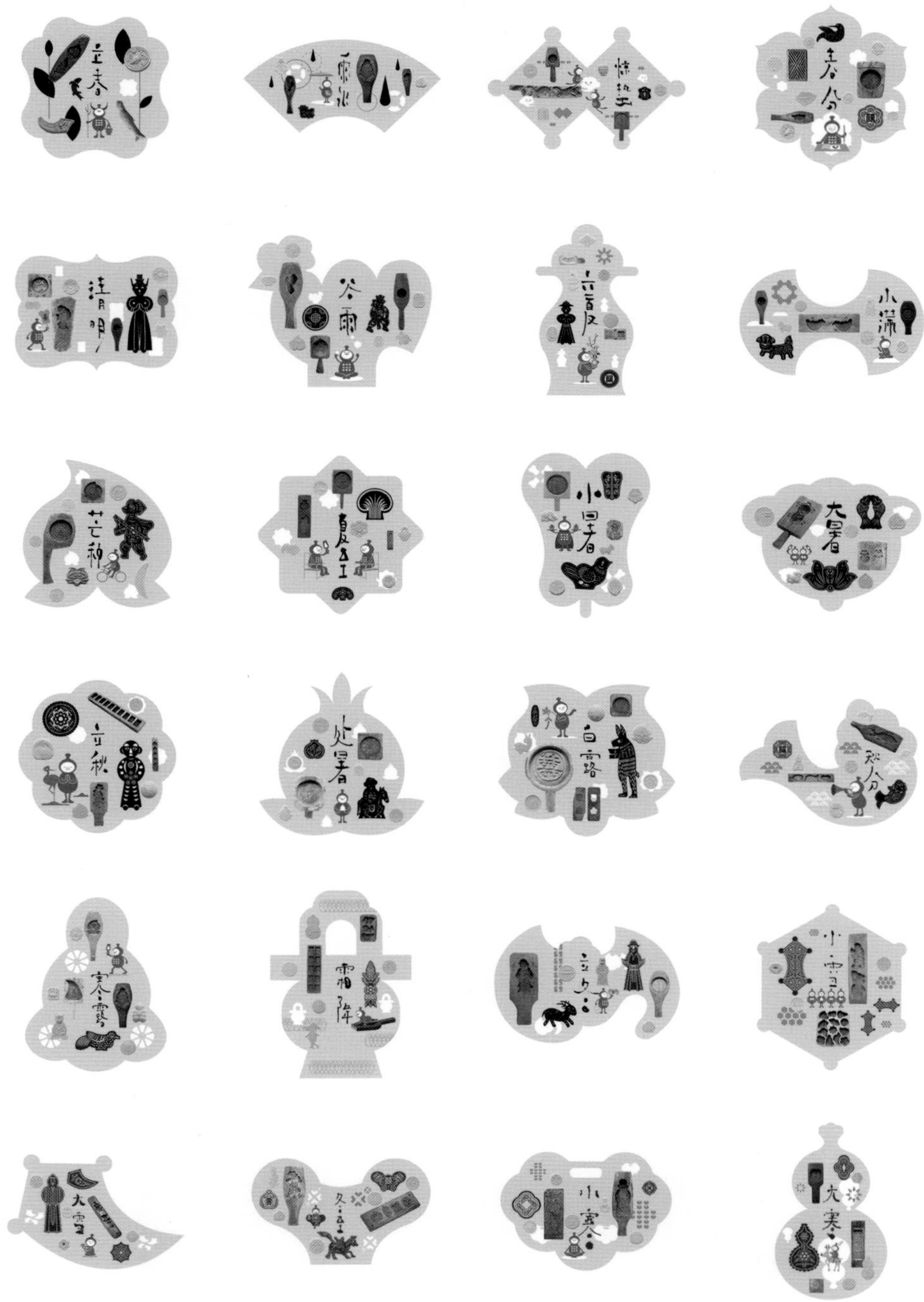
立春
雨水
惊蛰
春分
清明
谷雨
立夏
小满
芒种
夏至
小暑
大暑
立秋
处暑
白露
秋分
寒露
霜降
立冬
小雪
大雪
冬至
小寒
大寒

主持人：非常好，这是目前我们听到的对这次展览的内涵最有洞察力的声音，虽然您是中医专家，但从您的谈话里边，我感觉到您和于老师有着同样默契的观点，比如说讲到舌尖上的中国，我们探寻中国的饮食文化时，从点心模具上面竟然发现那么深厚的古代文化、如此丰富的内容和信息，可见古人在饮食上有多么的讲究。

另外，您讲到位置的问题，也是于老师作品的主题，包括二十四节气与养生。当然说到这个领域，最有发言权的还是于老师本人，他研究过这里边的东西。我们也想请于老师再次给我们讲一下，这些模具里蕴藏的珍贵的、有价值的中国点心文化的故事。

于进江：我觉得能把大家请到一起交流探讨我收藏的这些古代点心模具，对于我来讲也是一次学习的机会，我也想从不同角度听听我做这个事情到底有没有意义和价值。

中国人老说中国的点心没有日本的做得好，又说日本的点心是源自中国的，那我们古代的点心到底长什么样？带着疑惑，我开始着手搜集古代的点心模具，却发现模具上的图案丰富多彩，各具特色，点心造型不会比日本的差。

但我很好奇，如此漂亮的点心，中国人到底是怎样吃它的，什么时候吃，什么口味，怎样吃，包括模具里的题材有什么含义。像这个乌龟造型的点心模具，收集于潮汕地区，大部分北方人对这种造型的点心有什么样的含义应该都不太清楚。每个地区的文化，都在点心模具中表现出不同的风格。这次邀请杨院长与胡书记来，我们也想了解，从中医的养生角度，吃点心和养生有没有相关的典故？对于中医养生，南方人更为讲究，也想请两位专家给大家指点一下。

主持人：因为我们讨论的是点心，中国南北方的风俗习惯本身就差异很大，在点心领域的养生，杨院长您有所研究吗？

杨志敏：我有个好朋友关先生，被称为“点心王子”，专门做点心研究的，我们平时会交流讨论广东的点心制作。广东的点心有很多复杂的制作流程、不同的口味馅料、不同的外观造型，很多环节都不便在家里完成。在国内，广式点心确实做得很经典。广东的早茶，基本上就是不同的点心组成的，有面有粉，有素有肉。

广东人的点心，注重热吃，选材新鲜，更注重食材滋补的作用。南方人喜欢热吃是因为脾胃虚寒，热食会使人更好地吸收食物的营养，从而达到滋养身体的作用，不同的节气还会选择不同的点心食材与做法。广东人的早茶、下午茶、夜宵都会搭配新鲜的点心一起吃。

点心有大有小，有不同的形态，可随身携带食用，也可以一家团聚的时候一起分享。吃点心也有仪式感，我们敬拜祖先的时候会把点心作为供品，点心既是平时吃的，也是祭祀时所用的东西。点心在不同的场合、不同的地区，都承载着重要的文化价值。

主持人：您刚才说的，一般我们很少在家里自己做点心，这就给点心行业提供了商业的可能性：自己在家里做不了，那商业上有可能会有一些很好的方式。杜总做了那么多品牌，而且都是颠覆性的，您觉得中国点心在这样的环境里，有没有希望做出一片天地，成为一种有特色的东西？

小碰撞，大发展
Small Collisions, Great Development

杜国楹：从消费的视角看点心有两个维度，一个是物质的点心，一个是精神的点心。我们常说过去的改革开放近40年，中国人的生活发生了翻天覆地的变化，可能是过去几百年上千年的总和，很多传统的东西放到今天，中国人不喜欢，所以我们必须重新审视、重新发掘。过去吃点心最重要的作用是饱腹。今天，中国人一日三餐都可以吃得很好，点心这个东西貌似可有可无，从物质本身讲，必须再重新理解。

过去，点心的基础功能为饱腹，在今天，饱腹的功能可能淡化了，那么健康的功能、养生的功能怎么去加强？什么样的原料、配方、口感、功效能够契合现代人的需求？我想只有创新式点心，才能满足当下人们的需要。从精神层面来讲，一个点心的消费应该满足用户什么样的心理需求和精神需求？我今天第一次见到这么大的月饼模具，可能是一个大家庭一起吃的，雕刻的图案都跟月亮有关。

中国人的民俗生活是否应该全部抛弃？不是的。我们不应该像日本人一样生活，更不应该像欧美人一样生活，中国人应该在当下，找回自己，我们对我们的历史是有记载的、有记忆的、有传承的。过去古人为什么那么吃，为什么是这样的图案，对今天的年轻人来讲，我们要把这些故事讲清楚，这些东西是可延续的。

从精神层面来讲，我们还要去研究消费者在当下需要什么，我们怎么去满足。不仅仅是传承——单纯地把这些古老的东西延续过来，一定不是当代人的需求，传统的东西只是一部分，不是全部。我觉得我们应该更加细化人群的需求，当下人在想什么，在今天的生活场景当中需要什么，传统的东西如何满足今天人的心理需要……从商业的视角来看，这是必须做的思考。

今天我们坐下来说，很难有清晰的答案，但我们的思考路径是这样的，精神的层面，哪些要传承，哪些坚决要创新。只要能满足当下人们物质和精神的需求，我觉得点心这个东西是可以绵延不断地传承下去的。

主持人：点心这个东西在我们的记忆当中，一直以来都是一个不一样的词。刚才您说了精神层面，在很多的仪式、很多的场景中，点心不仅仅是吃的。讲到消费者对点心的精神层面的需求，我们请胡书记从一个消费者角度谈一谈，接待朋友，您一般会给他带什么样的礼品？会不会选择点心作为伴手礼？

胡延滨：广式月饼是比较出名的点心，在节日送出去，就代表着自己对朋友的一种问候。可见这样的点心作为一种特殊的食品，在生活当中承载着很多文化的使命，在当下的生活里，这样的点心还有没有发展的空间？

我一直在想一件事儿，刚才杜总提到说任何一个产品都有物质层面和精神层面的不同需求，那么大家有没有想过中国人过生日是怎么过的？我们过去吃长寿面，而今天吃生日蛋糕，是仪式感。生活中充满了仪式感，这可能是精神的一种需要，它代表了我们生活里的情感的表达。如果点心想从月饼、中秋佳节的文化仪式背景里走出去更远，或者说在人们的生活里扮演更重要的角色，恐怕要找到自己新的定位、新的生活位置。

刚刚杨院长讲到广东人喝早茶，一早拿着报纸喝一壶茶、点三样点心，从茶社里面走到普通人的生活中。像杜总您是做商业的，一个白领每天早上起来的时候，咖啡换成了小罐茶，那么伴随的另外一件东西是什么？我想这种仪式感的定义和重新发现，今天可能只是一个起点。

杜国楹：我们必须设身处地地回到生活场景。

胡延滨：他到底要这个来做什么？我觉得还有一个很大的误区，我们要反思一下所谓的“潮”和我们所接受的许多来自生活当中的影响。以前有个朋友曾经说过一句话，如果没有可口可乐我们还能喝什么？我们发现在饮料层面，关注人们的味蕾更多一些，整个夏天所有的饮料广告都是要够冰、够爽、够刺激，这种背景之下，它和中国人的养生文化理念是相悖的。

同样的，伴随着快节奏的生活，人们越来越无法关心自己的身体，还有谁来关心你的胃？你的胃应该拒绝什么？这应该重新定义中国人的生活方式、中国人的养生观，就像茶叶定然可以和咖啡进行抗衡。

杜国楹：不单是口味的竞争，而且是生活方式的竞争。

胡延滨：如果从中国人的角度、生活健康的角度看，显然茶是更好的选择。只是还没有出现一种东西，如同我们今天谈到的茶，能够真切地感觉到和自己血脉相融的一种喜爱感觉，我觉得那个东西还没有重新被唤起。

杜国楹：改革开放第一个 30 年是粗放积累的 30 年，当我们物质极大丰富起来后，在下一个 30 年，无数行业中一定有领先品牌开始重新建立国家讲的文化自信，重新寻找我们自己的生活方式。这种探寻已经开始了，我相信 10 年、20 年后我们再重新讨论这个问题的时候，一定会有答案。今天还没有答案，今天还是在过程当中。

主持人：其实本次展览也是一次探寻传统文化的发扬和传承方法的尝试。这次展览给大家的启示，包括生活方式、生活场景，也是很丰富的。于老师从那么多的点心模具里边，有没有找到古代人的生活方式？点心模具里那么多的图形和文化元素，肯定也代表那个时代最新潮或者说最顶尖的生活方式，从那里有没有可能和我们今天的生活嫁接？

于进江：今天现场摆了一些模具，有很多很有意义。比如这块模具，它是为纪念抗战胜利而做的，记载了那个时期一件非常重要的事情，而且制作者还把自己的名字雕刻在上面。看似很小的一个模具，却记载了中国人的历史。这块小小的模具，当我搜集到它的时候就特别感动，抗战胜利了，雕刻一块“抗战胜利”的月饼模具，分享抗战胜利的喜悦，作为中国人用这样的方法记载了这个重要事件，代表了一个时代不可磨灭的记忆。这样的一块月饼，这样的一句话远比现在看到的五仁、豆沙的文字更有意义。

还有一对模具，漆金的立体造型，富丽堂皇，几乎没用过，是一对陪嫁的嫁妆。作为财产放到嫁妆里，把生活居家的物件，做得像艺术品一样，我觉得这就是中国古人对生活的态度。

模具上还刻有“唐河”的地名，可能是唐河的某大户人家为出嫁的女孩儿精心置办的嫁妆，代表对美好生活的期望，希望她的生活美满，看到就觉得娘家人对自己很关心。过去对女人“上得厅堂，下得厨房”的赞誉都直接通过模具反映出来。

就像现在结婚送你一套瓷器，不会舍得用，因为这是美好回忆的纪念品，古人也是一样。另外这块模具是只兔子，有人说从来没有见过这种造型的模具，一只兔子、一只猴子，是干什么用的？我反复问卖我模具的人。他说这是给孩子成人礼生日时候用的，长辈会做这种造型的点心，告诉孩子吃完以后就变成大人了，可以像猴子一样机灵、活泼，又像兔子一样睿智、聪慧。有的时候，我觉得长辈给孩子做了这样的一个成人仪式，告诉他从小孩变成大人，这种礼仪方式其实就是我们生活中非常重要的一个环节，但现代人可能都已经忘掉了。

还有这块葫芦形的模具，上面是一个双喜字，下面是中秋月宫玉兔的图案。中国古代《周礼》都有秋季适宜结婚的记载，中秋时节更适宜结婚、嫁娶，所以这块模具里做出的点心，既是月饼也是喜饼。中国的模具题材总会把生活和节庆紧密联系在一起。

另外这块古老的模具图案是凤穿牡丹，是明代的。我们收集到它时，它在一堆旧家具里，满是灰尘，虽然已经裂了，但独特的双柄造型，硕大的尺寸，还是吸引了我们。凤穿牡丹的题材在明代很常用，是富贵荣华、欣欣向荣的象征，模具的图案外围雕刻着像万丈光芒一样的图案，与凤凰映衬在一起，显得雍容华贵，体现出人们的富足幸福的生活。这块模具背后也以墨题写了“乙酉年斌记梅花月”，显示出模具的主人非常看重这块模具，以纪念这块模具制作的庆典时间。在过去，为重大节日庆典定制模具，也体现了古人这种个性优雅的生活。

这块有“五角星”图案的模具，是新中国成立之初制作的，把代表中国的五角星与传统的团花纹设计在一起，既庄重典雅，又富有时代气息，这种图案是古代模具里从未出现过的组合。用食物的图案来记录重要的生活事件，人们把对新中国成立的庆祝融汇到了重要的节日当中。这块模具也成为非常有意义的历史见证。

主持人：看来模具里的花纹、图案，都有着不可磨灭的记忆。那想问杜国楹老师，您觉得古代人是怎么去做产品的？有哪些建议可以应用在传统点心发展领域？

杜国楹：对商业的洞察深刻到一定程度之后，哪怕你开面馆、做手机、做点心都是一样的，所有消费者都有物质和精神的双重需求。精神是建立在物质的载体之上，只是说偏重物质和精神的程度发生了变化。不同定位的品牌，从物质端到精神端，它们之间的场景是有机的、动态的，要把握好。但所有的一切，首先建立在优质的物质基础之上。

我觉得从商业角度来讲，产品是重中之重，必须把最基础的工作做好，没有好的产品，后面不复存在。

杨志敏：我觉得现在的年轻人，第一要寻求的是方便，在现代人所谓的快餐文化下，我们怎么让他们不仅吃得方便，而且吃得更放心呢？又怎样把现代所追求的健康元素涵盖进去？

我们一定要从低脂、低糖里面去给点心做一些改进和发展，因为现在市场上的点心，大多数多油、多糖，不太符合现代人的健康理念。我觉得产品的设计、配方、加工工艺都非常值得我们去探索和研究。只有这样，我们才能做出一块符合现代人需要的中式点心。

主持人：可见在点心领域，我们做产品还是有机会的。从产品角度，我们怎样知道消费者的需求是什么？生日吃蛋糕、中秋吃月饼，还有哪些节日是我们特别苦恼、找不到精神层面寄托载体的？

胡延滨：第一，于老师拿出来的模具，实际上是一个点心加工的过程。你会发现过去古人相当讲究，今天中国人重新关注自己的生活品质，就有了一个寻找文化承载体的诉求。

第二，中国人慢慢理解到，手做的东西可能比市场上大面积销售的东西要好。如果能让中国人的生活回到雅致状态，通过对一个造型的传承，对一个配方的创新，然后产生特别有新意的某种东西，这本身就是一种仪式，而且更符合中国人的文化追求。

主持人：在这次展览之后，于老师您未来面对这么多模具和文化素材，有什么想法或者规划呢？

于进江：从个人来讲，我是带着使命感做这件事。我们收集这些有意思的东西需要分享。一个市场的成熟需要我们一起努力，我们思考点心的创新，会研究出更好吃、更有意思的中式点心，我们展览上古代模具的图案与造型，相信都会带给更多设计师灵感和启发。

我希望不光由我来做，所有的中国设计师和中国企业都应该关注中国传统文化，我们这代人应该把我们所学的传给下一代人。我们在所有的文化历程里，只是过客，老祖宗的东西留给我们，应该分享给大家。

任何的美好都需要情怀。包括这次我做的“福禄娃”，希望它能成为代表中国点心的IP，寄托中国人美好的祝福。最开始取名叫“福禄娃”，很多人觉得太土了，应该起个英文名。但我想，福和禄自古以来就是中国人最美好的向往，为什么我们不能传递一种福禄文化？将它做得稍微现代一点、更可爱一点，让年轻人更喜欢。我做这样一个小小的尝试，投石问路，是想让不同行业的人都关注这件事情。

主持人：确实，这次展览让我们看到于老师有很多更长远的期望，包括这次展览的跨界形式，相信在点心领域，这也是一次破天荒的实验。希望不管是个人还是企业都能通过这次展览，找到一条中国点心的出路。希望我们未来有机会一起做好这件事，塑造一个属于中国自己的点心品牌。

主题：传统文化的当代艺术重现

2017.10.2（上午）

嘉宾：吴京埗　于进江　主持人：非 飞

吴京埗，周口师范学院美术学院教授、院长，河南省美术家协会油画艺委会员，河南省教育厅艺术教育指导委员会委员，河南省美术家协会理事，河南省油画研究会副会长，河南省教育界书画家协会副主席。

于进江，于小菓品牌创始人，容与设计创始人，小罐茶联合创始人，灵山集团文化设计顾问，中国新锐艺术家。热衷于传统文化与艺术研究。从事商业视觉设计，长期致力于视觉设计在品牌传播与营销中的运用及实践，成功塑造了 E 人 E 本、8848 钛金手机、小罐茶、广誉远、燕之屋、灵山小镇 · 拈花湾等国内知名品牌的视觉设计。

主持人：吴京堺老师好。我之前听说您有一组作品，是通过油画的方式去刻画石刻、石雕。我觉得这种创作手法非常有意思，您可以介绍一下吗？

吴京堺：其实艺术家的表达需要找到一个和内心互动的切入点。2013 年跟朋友去石窟寺画画，在那里被石窟造像深深地打动，从中感受到了一股力量。想象着当年工匠们的技艺和态度，做雕像时的状态，他们的长相、性格……这些都让我深受启发，所以近些年基本都是以开凿于北魏的石雕造像为主题来创作绘画。

绘画的材质主要是油彩，但也有混合材料，我希望通过不同材料，在画面里寻找新的理念，重新建立起自己的语言符号，从而感受传统文化的精神。

主持人：因为雕刻本身就是艺术作品，模具本身也是艺术作品，里面有很丰富的元素。于老师创作福禄娃时，是不是也有类似的创作经历？

于进江：我一直认为吴京堺老师的作品很有穿透力、非常宏伟。以前他画的画很现代，后来转为对石窟寺和佛教题材的描绘。恰好在这段时间里，我也在研究中国传统文化，刚才吴老师讲到自己创作的过程，其实我寻找这些模具的时候也是一样的，这次展览的模具，就是源自古人生活里真实存在的塑像和造型。

我觉得在某种意义上，石窟寺所描绘的宗教信仰，是比较有仪式感、高高在上的。但点心模具里边的神仙更生活化，可能更通俗一点，因为它跟吃的有关。

我也想借此机会跟吴老师探讨一下，从中国艺术表现手法的角度出发，您是怎么看待模具里的造像和石窟里皇家寺院佛像的不同及相同之处的？

吴京堺：我也是第一次见到这些模具。皇家雕刻和民间雕刻其实是一类的，只不过一个为皇家服务，一个为大众服务。民间会把中国传统的吉祥故事、图案、造型在模具里呈现出来。这些制作工匠的技艺肯定是比较精湛的，另外态度也不敷衍，他们很认真地把情感投入进里边。

而且在描绘图案的时候，工匠们脑子里会有一个想象，会把看到的美好事物在创作中呈现、传达出来。

于进江：我在搜集模具之前，觉得模具千篇一律，顶多福、寿两种题材，后来发现里边其实描绘了丰富的内容和信仰，是中国艺术的一种表现方式。

小碰撞，大发展
Small Collisions, Great Development

我把展览定义成“中国古代点心模具艺术展”。为什么加上“艺术”？我希望更多人发现它的美学价值。吴老师觉得关于美学的思考，有什么是值得现代人借鉴的？因为我看到你会把古代石刻变得很抽象，是不是模具也可以用这种手法去表达？

吴京塝：可以呀。今天我们看传统、古代的东西，需要体会古人在做这件事的时候，他们的想法、行为、视角。其实这启迪着我们现代人如何做艺术、做事。造型、颜色、材质、食材，还有图案，整体给大家传递一种身心愉悦的感受。

主持人：刚才您说到看到石窟寺里佛像的时候感受非常深，您昨天看到展览的时候，内心直观的感受是什么？

吴京塝：直观的感受就是连接、唤醒。西方文化里，大众的生活、行为，基本所有的东西都是西化的。我们作为艺术家，要有立场、态度和使命感。我们要把对当今社会有利的文化拿出来，这些文化可以让大众重新建立美好的感觉，对生活充满希望。

主持人：在这样的展览当中，于老师是不是也有这种想法，通过展览唤醒我们现代人对传统文化的认知？

于进江：吴京塝老师是我的老师，我记得我上学那时候他说了一句话，说画色彩，中国人老是画不好，中国人习惯用水墨表现，是黑白的。但外国人就喜欢画彩色。其实这就是我们民族应该有的特色。就像一个外国人学中国的书法，写得再好也超越不了中国人自己有思想的表达。

因为我本身也是设计师，如果从设计师角度来讲，我更希望通过视觉语言去解读我收藏的东西。当时我创作了一个福禄娃的形象，做完之后，我一直觉得心里边有点忐忑不安。因为本来我们要去做个模具展，结果突然用了当代的卡通或者视觉 IP 形象表达这次展览的主题。

主持人：吴京塝老师您从专业的角度，觉得这种形式可以吗？

吴京塝：当然可以。昨天晚上我还和朋友微信聊天，说为什么古人的绘画、艺术创作，和西方人基本上在一条水平线上，关键是看的角度不一样。今天，特别是当代艺术领域，可能我们走的是西方路线，等于是化了妆的西方文化，不是中国的东西。

那进江呢，他创作的福禄娃，内核就是中国的，有吉祥福禄的祝愿，也有对饮食文化的美好愿望，我觉得这就是独一无二的中国文化。

当代艺术家吴京垿先生参加开幕仪式

中国的艺术家不如中国的商人，中国的商人非常勇敢。艺术家我感觉应该是有立场、有态度的，必须是我们东方人的态度。比如说在中国的点心里边加中药材，添加吉祥图案，什么样的人吃什么食物会更好，这样饮食的寓意就丰富起来了。

于进江：昨天下午跟杨院长聊的时候也说到。其实通过这次展览，我发现大家对点心的理解是多维度的，从图形、内容题材，到吃的口味等等。这样的一次交流，把整个中国点心文化都提升到了一种新境界。

刚才吴老师谈到美学，题材选择很重要。我一直认为中国人有时候创作很局限，比如说画画永远是画山水、画花鸟，没有与时俱进的题材。我看到吴老师把很古老的东西，运用另外一种材质表现，他用了当地的土，加入了中国人的思想。

吴京垿：材质是有信息的，它会说话，实际上它是人与自然的一个部分。我们要对自然有敬畏感。和自然、动物平等地对话，那么创造出来的，就是一个和谐的社会。

北京理工大学赵娟博士（左一）、周口师院美术学院吴京垿院长（左二）一起参加论坛讨论

小碰撞，大发展
Small Collisions, Great Development

主持人：我们从这次展览看到，于老师从古代的文化符号里，探索创作出具有中国特色的福禄娃，很具有探索精神，于老师是不是也按照这样的创作思路做艺术？

于进江：其实我的一个创作心得是，原本大家认为福禄、葫芦的造型很土，觉得你一拿出这个东西就代表陈旧。但是我后来想，既然国外的人可以把《圣经》里的故事反复创作、反复用不同的语言内容来表现，中国人为什么不能把有信息和记忆的符号，提炼出来做成更让大家喜欢的东西？

如何把它们和现在年轻人所认知的艺术结合起来展示？其实最初筹备展览时，我跟策展人也在说，我们到底用什么来呈现给大家看？为什么选择在 798？因为它是中国当代艺术的一个标志、符号。我们将在这里启动一件把传统和当代进行融合的事情。这是这次模具展览中很重要的想法，因为能让更多人关注到传统，原来跟我们的生活有这样的关系，传统的点心里有生活的美学、有创作的题材。

福禄娃对我来讲，就是一个符号。更核心的是，我通过福禄娃，了解模具的形态。刚才我进场的时候留意了一下，有些人说这是天线宝宝，会产生争执。小朋友也愿意和福禄娃合影。这是一次视觉的传播。但是走进来之后，其实更多的观众还是安安静静地看福禄娃胸前摆在桌子上的这套模具。大家很好奇，到底这 100 个娃娃面前摆的是什么东西，到底有什么不同。我觉得在某种意义上，还是实现了对传统文化的传播。

吴京塝：有时候我在想，一个人持续做艺术，可能这个艺术到最后，它最终要呈现出来的是一个对话的过程。让大家顺着他的画去了解、去感受绘画本身，是对时间、空间的解读。

进江既是艺术家又是设计师，他的每一个项目都会在文化这儿顺藤摸瓜，深入去了解，这里边应该是有着使命感和责任感的。他在做商业活动的同时，传达了他的一个文化愿望，这是最重要的，所以说纯粹的艺术家，作用反而会有限。

姓名：福禄娃
英文名：FULU
年龄：100 岁（其实永远 100 岁）
出生地：北京
喜欢的食物：中式点心
喜欢的事：旅游，美食，看书，做饭
喜欢新的食物，爱交朋友

主持人：艺术也好，设计也好，我们做这些东西出来，怎么让它们进入到大众的生活，这是首要的问题。于老师创造了这样一个福禄娃的形象，很现代、很接地气，可以让人们更深入地去了解中国传统的文化。在我看来确实是一种艺术家的探索。

吴老师您一直在做艺术，您对葫芦这个形象有没有其他的诠释，或者说有没有见过更有意思的作品?

吴京埒：仙人都是挂葫芦，好玩儿，也可以放在家里边做装饰。中国画家画的葫芦，也是有象征意义的，找这个造型去延展，应该更容易被大众熟知和接受。

于进江：它很有东方特色，传递东方的视觉语言。我前两天看一个服装品牌，标志就是带着飘带的葫芦，看完之后觉得大家的想法不约而同。同样是中国的品牌，只要它们都关注中国文化，就会不约而同地去寻找这些符号。

吴京埒：葫芦的内涵是什么? 葫芦里卖的什么药?

主持人：葫芦确实是有这种吸引力。我们记忆里的葫芦，古代别在人身上当水壶。西方没有这些东西，西方的水壶都是用牛皮之类的东西做的。葫芦确实代表了东方。

于进江：福禄娃身上的九个小符号，我们选择的也是中国典型的九个图案，有扇子、如意、寿桃……就像我们看到的中国文化里有很醒目的形状，所以就希望用最简单的符号表现出来。我做过研究，葫芦也代表着子孙昌盛、绵延不绝，因为葫芦一条藤上结了很多很多，打开之后满肚子的籽，就代表了子孙繁盛。九个不同的图案，代表长久、持续的发展。九个不同的形状和元素，在几千个模具里也体现独特的视觉符号记忆。

娃娃为什么选择红色？红色代表中国，而且从汉代开始，红色就是喜庆、祝福的象征。红色和白色搭配更纯粹，更容易被人记住。由于受到日本动漫或者扁平化艺术表现方式的影响，我们的设计越来越简单、越来越单色调，以前表现出的颜色越多越吸引人，现在是越简单越好。

我其实希望传递的精神，是能够通过现代设计的语言，重新解读中国传统。这个解读不仅和艺术有关，还和商业有关。我确实有几个不同的身份，设计师、收藏家、艺术家，也有企业家的身份。我希望这个福禄娃有一天离开我们的团队，也可以做有意思的事情，去代表中国文化，作为点心文化的符号或者艺术符号、商业符号，让更多人看到它。

主持人：确实，通过这次展览，我们希望不仅在传统文化的传承和发扬上能给大家启发，在中国点心的商业理念和品牌的梳理上，也希望给大众一个启示——怎么重新理解中国文化。

吴老师您认为这次展览对您的创作、艺术观念有哪些启发？其中是否包括对传统的再传播、再塑造？

吴京塀：其实绘画也是，东方人可以借用西方的表达形式，但我们东方的精神是什么？进江通过他这样的方式，让更多的人非常直观地去了解。艺术家到底在社会上会起多大的作用，我感觉力量会有限。所以进江一定要在文化的路上，坚持走下去，一定会取得非常大的收益和成果。

于进江：谢谢吴京塀老师。

主持人：这次展览也是对中国模具文化的一次重新梳理和呈现。最后请两位老师都用一句话，从创作者或大众的角度，谈一谈如何重新解读我们的传统文化。

吴京塀：你的创作里呈现的一种气息，它和西方人是不一样的。我们应该更多地增加自身的修养，从传统文化中借鉴、学习，最终呈现出完全东方的状态，这时你的艺术才是东方的。

于进江：市面上我们看到的信息是有限的，我认为中国的文化处于复兴时期，我们生活里面遗存的一些传统文化需要梳理、整理。很多人关注的是收藏上百万甚至上亿的一件艺术品，我的收藏跟他们来比微不足道。但我是从实用角度收藏，而不是从它值多少钱的角度收藏。我收藏一件艺术品是觉得它真的精美，它会给设计和艺术创作带来灵感或者启迪。

我觉得自己像个学生一样，要不断通过搜集和整理，邀请淹没在民间的高手们，重新学习他们的作品，这其实对于我来讲，是一次创作。我们今年重新修正了这块300年前的月饼的图案，使之贴合现代人的审美，其实就是一次再设计和再创作。

就像文化的接力，我通过自己的搜集和整理找到这些东西，而不是去大众都知道的信息网站搜资料，或者去博物馆里找大家都能看到的东西。我们希望找到一个不为人知的或者快被遗忘的东西，加以设计、再创作，让更多人发现它的不同之处。其实这才是设计、艺术、收藏里最吸引人的地方。

我觉得这样做才能够让更多人看到更新的东西。这些模具里面，题材多样、内容多样、图案也多样，在艺术和设计创作里为我带来了灵感和启迪。我经常说，一个艺术创作，如果你通过别人拍摄的照片来审视，其实是别人的思维左右着你的思想。一句话归纳的话，我们是文化的传承者和接力者，我们应该实现好自己的使命，让文化延续下去。

主持人：希望通过我们的展览，可以让更多人找到线索，通过这些线索，让美好的东西进入到生活。

主题：东方的传统饮食与传承

2017.10.2（下午）

嘉宾：云上道长　王　越　于进江　　主持人：非　飞

云上道长，仲柄桦，号云上山人。茶人、花道家、东方美学家、道教全真派高功法师。曾习茶于日本茶道里千家，现为嵯峨流教授，池坊花道教授。曾就学于中国人民大学，宗教哲学硕士。

王越，北京天意坊餐饮管理有限公司董事长，现投资、管理、运营40家餐厅。曾任北京赛恩商业管理公司总经理，负责商业中心规划及产品搭建；北京蓝犀装饰公司董事长、总经理，服务于多家国际零售品牌。

于进江，于小菓品牌创始人，容与设计创始人，小罐茶联合创始人，灵山集团文化设计顾问，中国新锐艺术家。热衷于传统文化与艺术研究。从事商业视觉设计，长期致力于视觉设计在品牌传播与营销中的运用及实践，成功塑造了E人E本、8848钛金手机、小罐茶、广誉远、燕之屋、灵山小镇·拈花湾等国内知名品牌的视觉设计。

主持人：您做模具收藏的出发点是什么？

于进江：说到这次展览，举办它的动机也是源于对中国文化的一次思考。最早是因为受到日本文化中对于传承的执着和工匠精神的感染。我们去日本，以前大家买电器，买索尼、买音箱，现在去日本买马桶盖、买药妆，尤其我们看到日本很多机场里卖的菓子，甚至巧克力，中国人都整包整包地买回来送人，因为觉得很精致。

中国人到国外去见朋友，有没有能够拿得出手的中国风的东西？我发现没有，我们更多的消费都是比较初级的、散装的。我感觉中式点心一吃就掉渣，很尴尬，吃相不好看。

后来带着这个问题，我们从三年前开始，遍访中国各地，从南到北，包括广东、福建、河南、山东等地，搜集了近4000多块不同造型以及不同题材的模具。

另外我们发现点心上很多图案和宗教信仰也有关系。这个模具上面就是八卦图，我们觉得这可能是古人给我们留下来的谜，为什么要吃一个八卦的东西？到底什么时候吃？

小碰撞，大发展
Small Collisions, Great Development

主持人：我听说云上道长能做500多道点心，您从日本学习这个技艺，可以更系统地跟我们分享一下。

云上道长：其实和我们中国过去传统中认识到的一样，日本人也认为药食同源，且日式点心的造型审美，都属于自然风物。比如说日式的菓子最早是用来祭祀的，祭祀呈献仪式中，菓子与喝茶都是非常重要的，所以祭祀一般都有点心和茶这两样东西。后来，随着日本贵族阶级的茶道文化慢慢普及到民间，现在在百姓的生活中，喝茶之前习惯吃一块点心。

在日本，不同季节喝的茶与吃的点心都不一样。在春天吃樱饼、樱花羊羹、樱花馒头等等；夏天吃一些带有清凉感觉的点心；秋天会吃一些栗子为主要食材，或者是应季食品制作的点心；冬天吃带有庆祝寓意和庆贺新年的点心。季节感和对生活祝福的寓意，一直融入日式点心里边。

主持人：我知道老北京有很多点心，京八件等等，王老师对中国的点心有什么看法？

王　越：目前市场上很多商品是中国20世纪30年代的产物，那个时期有中西结合的特色。再往前推，对中国点心发展有最重要影响的是元代，经济上比较开放，把整个欧洲的文化、元素，通过海上丝绸之路引入了进来。那个时期之前，中国饮食还是处在以果腹、以主食为主的阶段。从那之后，饮食的原料储备和制作技术上，都有了很大的发展。

从元代到明清，中国的饮食基本是停滞状态；改革开放以后，还是延续20世纪30年代的标准。但日本从那个时期开始，不停地在完善。有很多精致的点心是私人定制的，最好的点心师不是公共商业领域的，而是富人家里的点心师。

20世纪，随着日本与西方世界的接触，很多个人化的东西公共化了。而中国还是停留在几十年前。从整个社会的重视度、投入度上，跟日本全民的宗教文化或者全民市场角度的认知，还是差了一个层次。北京的点心更是这样。

于进江：中国的点心还处于论斤称、没有标准化和透明化的状态。但在日本买的东西都是一份一份的，包装非常精良，已经经过工业化的洗礼，形成了固定的标准。

随着中国文化的复苏，很多人越来越觉得需要做一些定制化的东西，包括点心也一样。一些酒楼会做自己的定制，但还没有普及成为商业行为，没有让品牌更受关注。

我们搜集模具的时候，也在思考，希望通过我们的模具让中国人看到，我们以前的点心很美，题材也很丰富。我收集的过程中有几个有意思的情况。过去古代人做模具做点心，都是属于私人化的，可能叫高端定制、私人定制。模具上面刻上自己的堂号、雕刻的时间。以前大家送东西都是自己私人定制的，代表一种心意。未来，我们可以自己定制，做一些有意思的结合。

但从整体来讲，我们其实也很好奇刚才说的模具里的风俗习惯。比如我们收集到这个南方的模具，它上边是乌龟的形象，中间是个寿字，长寿乌龟，两边又有寿桃和钱币。也请道长给我们解读下乌龟的文化。

云上道长：龟，自古以来被视作吉祥的灵兽，因为它是所有水陆动物里最能代表长寿的。乌龟的甲上面有三条纹路，在中国古代象征三才——天、地、人。整个一圈是十二道纹，左边六道、右边六道，象征着时间带。这些甲裙正好一边是十二个，合在一起象征着二十四节气。龟甲相对应的龟腹，正好是左边六个，右边六个，象征的是一年十二个月。所以这个动物讲的就是积聚灵气，也代表着长寿、开运、有福。且龟与归同音，寓意着与福寿全归。

于进江：日本的点心有龟的造型吗?

云上道长：很多，一般正月和庆祝时，会使用有龟形状的糖及各种菓子。

◀ 知名文化学者高来生先生与云上道长一起探讨传统点心模具与民俗生活

于进江：我搜集的模具里边，有一个很有意思，它超级大，在陕西晋南地区被发现。我们知道当地有个很出名的地方，叫永乐镇，吕洞宾的老家就在那里。这是他们老家特别流行的一块月饼，这里边有一个人，中间是一栋楼房，还有一只玉兔。

云上道长：道教是华夏民族唯一的传统宗教。道教中经常用玉兔象征月亮，用金乌象征太阳。八月十五是太阴朝元，月亮一年中最圆的时候。过去古代的道士，认为日月运转是宇宙自然很重要的两位神，所以一般在太阴朝元，每年月亮最大最圆的时候，举办祭月的仪式。呈上的供品就是月饼，月饼上面会有很多吉祥寓意的符号花纹。这块模具上面，典型的是玉兔捣炼仙药的图案，这个楼阁就是月宫里的广寒宫。

◀ 云上道长参加开幕仪式

于进江：确实，古代人吃月饼都很讲究。咱们收集了上百块模具，虽然图案不太一致，但屋顶上都有葫芦。这个葫芦跟这次展览里面的福禄娃倒很像，我也想请道长给我们讲讲，葫芦在中国道教里边到底是什么意思？为什么要把葫芦放到屋顶上？

主持人：而且八仙中的铁拐李就带着一个葫芦，铁拐李也是道教人物吧？

云上道长：是的。因为我们国家有一个重要的传统文化，就是中医学。在明代以前几乎所有的中医都是道士，中医学的一个起源，是黄帝与岐伯老师一问一答编写成的中医学的巨著《黄帝内经》。而中医里的中药炮制是雷公炮炙的中药十八法。这个葫芦里面装的是什么呢？是救人性命的仙药。后来在民间文化里，葫芦就变成可救人性命、救人于危难的宝物，可以延寿保健康。而葫芦的音又与福和禄是相通的，所以在民间传统图形中，经常能看到葫芦。

主持人：王总您对葫芦，特别是看到我们的福禄娃形象，有什么感受？可以结合我们现代的餐饮谈谈。

王　越：我觉得于总是个对传统文化有独特的见解、也很有市场敏锐度的人。他把传统的东西带向市场，与现代视觉元素结合，一直在把文化具体化。把传统的东西卡通化地做出来，是非常直观或者说易于接受的。

刚才我们一直在讲，日本对文化为什么继承得这么好？因为它把很多东西仪式化了。所以我们要复兴中式点心，须从传统美学上继承、口味上继承，更多要树立一些有仪式感的东西。

刚才道长也讲，喝茶前吃一块点心，也是一个道。茶道、点心道、花道，组合在一起，就布成了一片文化的汪洋。

于进江：其实大家现在吃饭都到餐厅、酒楼，都是在传承一种酒仪式。像这个模具，中间是个喜字，却还有一个六边形的东西，像八卦一样，这肯定是跟过去古人结婚的喜事有关系，也想请道长讲讲。

云上道长：中国古代特别喜欢六边形，其原因是刚刚提到的龟甲上的花纹是六边形的。有的时候在特定情况下，八反而不太吉利。过去"八"的繁体是提手旁加别字，在婚庆里有别字就不是好兆头，所以过去古人结婚也忌讳初八、十八。而六边形在过去的各种文化里，是讲六合。并且六边形是龟甲，寓意千年万年的意思。再加上这里边万字包着的双喜，有着更好的祝福寓意在里边，寓意双喜来临，万事胜意。

于进江：现在中国人的婚庆，一般都是小奶茶、小点心，往往就缺少了很多有寓意的祝福元素。中式婚礼，如果送这样一盒小点心，是代表着喜庆的六合，万寿纹的喜和长寿，中国的婚庆文化就会更丰富。

主持人：说到婚礼，王总您在经营过程中有没有遇到一些消费客群想要把一些东西放到消费场景当中，但不知道选什么的情况?

王　越：不是大家没有这个需求，是我们真的没有相应的产品。现在婚礼最常用的就是蛋糕。包括像老人的祝寿，基本上都是蛋糕。

于进江：确实是这样。王总对中国的餐饮做了很多新的改良，包括北京便宜坊，其实最早便宜坊也是北京一个重要的烤鸭店，后来慢慢被淹没了。他很有责任心，希望能够把它复原。他对很多细节很关注，关注空间装饰，关注环境，关注客人来了之后盛菜的盘子。因为他觉得餐饮不单是菜要做得好，整个空间都得好。

所以我拿来一个我搜集到的盛菓子的盘，菓子盘决定了菓子最终怎样呈现，这就是日本人的讲究。但中国用什么东西给大家呈现出来？就是用中国的点心之美。这是江浙地区的一个供盘，可能是供给神的、供给祖先的。这有一个镂空雕刻，有梅花鹿、有喜鹊。

小碰撞，大发展
Small Collisions, Great Development

云上道长：在我们过去结婚的时候，不光要有喜饼，还要有茶。三书六礼，六礼中包含着六番茶。因为茶树这个东西是不可以移栽的，就象征着女方一生不二嫁。所以今天说三书六礼，每一礼都有一茶，包括女方的嫁妆里也有茶。

在今天的日本茶道里，依然保留着许多我们中国文化的影子。先给客人盛上一份点心，吃点心后再进行呈茶。盛菓子也是有各种各样的盘子，菓子根据季节的不同，选用存放的器具也不同。有的可能是用一个盆，把每一个客人的都装在里面端上来，也有的盛装在一个一个小器皿中来呈上。

这里边有很多吉祥的寓意，像鱼跃龙门、喜上眉梢，佛手象征着福，鹿含着灵芝，在松柏下面，象征长寿，还包括石榴寓意多子。

于进江：日式点心不光保留了形式，制作工艺上也非常有特点。上次聊天云上曾说过，日式的点心甚至可以是药食的，请您再讲讲。

云上道长：在日本不是很发达的时代，因为糖很贵，甜味的摄取来源是很少的，穷人吃不到糖。而茶属于凉性的东西，怎么去平衡它？他们就想到了温补的食材，并且努力发掘各种可以获取到甜味的食材来搭配食用。你看今天所有的菓子，主要的食材，豆类的、果实类的都是温性的。配茶吃下去，平衡了茶的寒凉，起到了养生保健的作用，所以就有药食同源的效果。

在茶道当中，点心的种类非常丰富。到夏天的时候，可能使用最多的食材就是“寒天”了，它本身对于消暑是非常好的。到冬天，用的材料主要是温补类的，可能还会把一些姜末或者桂皮做到点心里面。

于进江：最近这个季节，日本人比较喜欢吃栗子。我们到日本考察栗子市场，发现他们有一家店已经做了上百年了，延续了几代人。

主持人：王总应该看过很多餐厅，从专业角度分析，您觉得它们跟外界的比还有哪些差距？

王　越：其实我们单看点心，它以前是有独立体系的，又处在不同的环节中，包括茶道、婚庆等不同的环节。从日本可以看得出来，点心有广大的市场，更重要的就是它把传统跟现代结合。它的市场甚至说可以占到餐饮市场的一半。

于进江：我们去日本看到很多中小型商场，一层楼都是点心，各家卖的点心都有不同的口味、主题，甚至按季节在变化。也有一些趣味性，比如说会有人形烧，是不同人的形状。

我们看到传统的中式点心里，也有人物造型、猴子造型点心，但因为现代的中国人，说你要吃一个人的形状，大家觉得不好。所以想问问日本人吃人形烧有什么样的讲究和习惯？

云上道长：一般人形烧的形状内容大多和当地的神话传说和民俗文化有关。就像京都伏见稻荷大社的菓子，它所有的饼都是狐狸的脸，因为那个地方最灵的稻荷神信使就是狐狸。大家做饼供奉它的时候，都是做成狐狸的样子去供。

中国和日本都是这样的，菓子文化的起源就是祭祀，不管你是供奉给神灵还是给你的祖先，大家都喜欢做成代表着寿、福、财、健康的形状，有祈求幸福的寓意在里边。

于进江：你吃的是神，你就得到他的庇护和保佑了。

你看今天我们还做了一个兔子，古代也有这样的模具。我们上次在农展馆做活动的时候，小孩子很感兴趣，我们说给大家切兔子，小孩儿说我来杀一只兔子，增添了趣味性。哪天孩子不想吃东西，来，吃个小人吧，吃个异形饼干，这样就有趣多了，也获得了祝福。

其实还有些很有意思的问题：我比较关注图案和文字，我搜集了一个模具，最开始买的时候不知道它讲的是什么，像个迷宫一样，后来我们仔细看，发现它其实是个“寿”字。

很多点心都和道教有关系，尤其是中秋的时候，会有八仙的图案。八仙文化、道教文化、中国的点心文化，您怎么看待这些文化的关系？

云上道长：中国的传统节日，几乎和道教都有直接关系，因为道教是中国唯一的本土宗教。比如道教过三元五腊，上元节，天官下界赐福的日子要供灯。民俗文化中，大家都去看花灯，而灯照向哪里呢？照向天官，好来给在这个地方的人们赐福。古人对祖先尽孝祭祀非常重视，担心自己的祖上没有升天，没有得到安乐。所以每年农历的七月十五中元节那天，要向地官上疏祈祷，希望荐引祖先的魂魄升往仙界。

包括中秋也是，我们耳熟能详的嫦娥奔月题材，亦是道教典型的神仙形象，中国传统节日几乎都和道教有着极深的渊源。

于进江：王总您是不是可以从餐饮的角度，来谈谈中式点心这个市场比起日式点心或者西式点心市场有哪些不足？

王　越：点心市场我觉得是非常大的，无论是日本、西方，还是中国，人的饮食中除了正餐，还要有很多的点心。

现在纯中式的点心确实没有什么特色。这几年，市场上以西式点心为主的品牌，都是几百家、上千家连锁的规模。中式点心的色彩，可能过于中性。但是按照目前市场变化，只要有相应的产品能够被继承，并且借鉴现代共识，其市场都是非常大的。

于进江：从我来讲，我最初做它的时候带着设计师的使命。我想看看中国的古代人到底是怎样生活的，所以花了很多精力投入到了一个不被中国很多收藏家看好的事情当中。

但它们可能承载了一个文化的记忆，我们这次展览，也会很有幸变成中国第一次这么大规模去宣传点心模具的展览。我们准备把这次的点心合集做成一个图目，进行一次点心文化的汇总。我其实就是想以一己之力引起更多人的关注，因为我认为这个行业不怕大家都做，都做了文化才有发展。

中国如果只存在几个所谓的老字号，没有人去关注和继承，不仅仅是品牌的损失，更是文化的损失。

主持人：云上道长在日本学了很多点心技艺，你认为日本的哪些经验是真正值得去学习和借鉴的？

云上道长：中日两国的文化渊源还是非常有意思的，日本的茶道是从中国传过去的，但为什么日本如此重视茶道？

当时日本的茶，都是从中国带过去的，日本自己种植茶叶是后来才开始的。茶叶作为一种稀有的舶来品，是很珍贵的东西，当时由禅僧带到日本奉献给将军，随茶叶献上的还有《吃茶养生记》一书。于是，中国过去的禅宗思想也和茶道一起传递过去了，日本人把这些文化综合起来变成了茶道文化。后来，由上而下地普及开来。

当时从长安带过去的一种菓子，是香油炸的柿子饼。和我们今天中国的糕饼一样，也是高油高糖的点心。可是日本茶道中常见的和菓子里，只保留了糖分，几乎不用一点油，完全是用糖、豆沙及各种药食同源的材料制作。

为什么日本的和菓子能够有今天这样的发展？这与一代又一代的匠人精神是分不开的。日本人把舶来品复制出来，思考它的核心是什么，精神是什么，为什么这么做。当他们搞明白这一切的时候，他们又再创造出一个东西。

因此，日本传统文化不管怎么发展，都没脱离东方人心中道的影响。中国茶是一方面，其实还有方方面面都是和道密不可分的，比如一顿正餐结束的标志是什么？把刚刚所有的味道全部收起来，最后通过一份点心来实现。

从本质上讲，中国的点心发展也应该尽量丰富，它的起源就和文化有关。所以我们今天要去寻找它的文化，包括药食同源的合理性。

王　越：餐饮最大。其实中日制作的手法基本上是一样的。中国目前有两个需要改变，一个是观念上的改变，一个是刚才你说的匠人精神的延伸，中国不缺匠人，但他们认为把师傅的东西原汁原味复制出来是最好的，不愿意去加新的东西。

云上道长：日本有一个现象，就是他们做和菓子，一般长子来继承爸爸的手艺，继承本店，本店所有的点心都是爸爸那个年代的味道。次子是不能继承本店的，得出去开店，那么就要有创新。

匠人一定是具备两个特性的，一个是对过去的继承，还有就是更好地优化。

于进江：现在中式点心里的师傅，被称为匠人的，应该不是太多吧?

王　越：有。在厨师领域里还是有一些点心师，手工非常不错。但是他们的工作很小众，因为产量限制或者没有实现标准化，全凭感觉去做。

于进江：上次说到日本点心保质期很长，中国点心的保质期不是很长，现做现吃。想把一个产品产业化，还是要经历一个过程。现在大家担心防腐剂、制作工艺的问题，可见还是有很多学问要仔细去研究。

云上道长：因为糖和盐本身就具备防腐性。包括医药中的蜜丸，有很多名贵的药材容易生虫子，就抹一层层炼制过的蜜来封住它。

于进江：对今天的展览，或者对福禄娃的形象，各位有没有什么建议和想法?

云上道长：我觉得非常好，一百个现代的福禄娃，搭配着古代的桌椅，前面放着古代点心模具，很是震撼。用装置艺术来体现我们民族传统的文化符号，这非常有趣。希望可以有越来越多的年轻人喜欢传统文化，并好好学习和传承我们中国优秀的传统文化。

所谓匠人，即永守初心，贯穿始终，拥有决心并保持勤奋才会使人具备这些能力。你愿不愿意坚持它，坚持到最后你要呈现的到底是什么，决定了你能不能把传统的东西呈现出来并使之更好地延续下去。其实通过匠人精神来看这次展览，我觉得非常的难得，非常让我感动。

王　越：我觉得有人做这件事非常好，有机会的话，把中式点心发展的历史系统整理一下。目前的市场都是阶段性的，并没有很系统，有机会能够把这个工作系统地做完，也是利国、利民、利企业的一件事。

主持人：我们还是希望这个东西被大家看到之后，大家能从中发掘到一些东西或者能从中学到一些东西。我们的点心未来应该不会比日本差，或者说我们应该还有机会。

于进江：这次展览只是一个开始，希望大家一起把这件事做好！

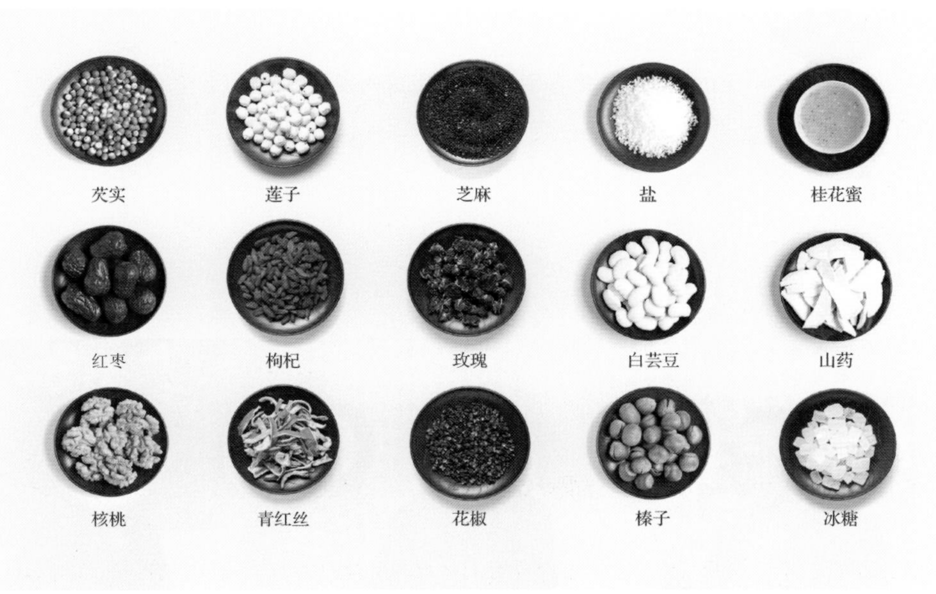

主题：跨时代的传统文化展现

2017.10.3（上午）

嘉宾：王飞跃　于进江　　主持人：非　飞

王飞跃，雕塑艺术家，收藏家，北京798悦·美术馆创始人、馆长。

于进江，于小菓品牌创始人，容与设计创始人，小罐茶联合创始人，灵山集团文化设计顾问，中国新锐艺术家。热衷于传统文化与艺术研究。从事商业视觉设计，长期致力于视觉设计在品牌传播与营销中的运用及实践，成功塑造了E人E本、8848钛金手机、小罐茶、广誉远、燕之屋、灵山小镇·拈花湾等国内知名品牌的视觉设计。

主持人：今天我们请到了 798 悦 · 美术馆的创始人王飞跃王馆长。悦 · 美术馆在之前也办过很多展览，这一次于老师的模具展和以往的展览有什么不同？

王飞跃：这个展览有几个特点：第一，它把实用模具作为艺术品，并且艺术化地去呈现。第二，它传递的不仅仅是一个接地气的、实用的物品，更多的是传承中国历史文化艺术。通过这些模具，可以看到不同时代不同的艺术风格。同样在表现一个题材，不同年代、区域的艺术表现手法也很创新。从艺术品的角度看，我看到的是中国的雕刻艺术。可以通过模具感受到当时的文化、政治、经济等状态。另外，本次展览空间布置是比较当代、时尚的。这样的空间再次整合，本身就是一件艺术作品。

主持人：这次展览，我们用福禄娃的卡通形象与参观者互动；美术馆之前的展览有没有这样的互动方式呢？

王飞跃：这样的展览是不多见的。这次展览塑造了历史与当代的对话，利用当代的设计理念，来传递传统的文化价值。大家喜欢这个卡通形象，因为它的造型、材料使用、颜色等都与当下的审美倾向比较融合，让观者能感受到历史与时代的对话，比如卡通的人物前面放的传统点心模具，很有时空感。这个展览在内容与形式上都有一些突破，对我们今后办展还是很有借鉴的。

主持人：那王馆长对于老师这次办展有哪些祝福和希望？

王飞跃：虽然我们接触的时间不长，但是进江的理念和想法，我挺感动的。作为一个设计师、收藏家，他能够发现别人忽略的东西，这点很可贵。希望他今后的文化之路会越走越长，也期待更多的合作。

主持人：您对这次展览展出的模具，有什么想法呢？

王飞跃：这次展览的展品内容和风格比较丰富，也很生动有趣。比如说鱼的造型，这里有不同风格，有些拟人化、社会化的表现，感觉它们都是有生命的。

主持人：这个模具，不懂的人看它就是一个模具或者一个点心，一般不会知道这里边的艺术对话。

王飞跃：对收藏家来讲，有文化气息或有特点的物品都会有无限的收藏价值。我们都做收藏，知道收藏有几个阶段：第一阶段是你的爱好，第二阶段是慢慢融入了情感在里边，第三个阶段是最高阶段，就是承载了一种责任。比如说进江收藏这些模具，可能现在是一种责任，他觉得有责任把中国这么好的传统文化传承下来。

实际上我觉得艺术品可以带来两个层面的东西：第一个层面是美学层面，视觉愉悦，让大家觉得赏心悦目；第二个是精神层面，艺术是一种创新。一个国家的发展动力、核心竞争力是创新力，恰恰艺术最大的价值就在于创新。我们需要创新，要通过精神上的一种激励，对我们的民族文化产生一种自信，带来心理上的强大。这次展览实际上不仅仅局限在视觉上，它带来的是外延很大的启发，也在体现中华民族文化的魅力。

主持人：我们现在需要更多像于老师这样的人，能够把慢慢被人们遗忘掉的中国传统文化重新收集起来。

王飞跃：把它系统地整理出来并让更多的人去关注并参与，那就更伟大了，每一个点上的东西连成线都会变得更有价值。老祖宗留下来那么多好的东西确实需要我们认真地、负责任地去思考和传承。

主持人：或许我们的智慧不仅仅体现在这些小小的模具上，它很有可能体现在生活当中的每一个细节。如果我们带着这样一种原意去认识中国传统文化的智慧，其实我们每个人都可以是艺术家、收藏家。我们知道您不仅是悦·美术馆 的馆长，也是一位艺术家，从事版画雕塑。您可以介绍一下关于这方面的创作心得。

王飞跃：雕塑是我的专业，版画是我少年时期形成的一种情结。我这么多年不懈地为版画发展做了一些事情，已从精神层面的享受到对一种艺术语言的责任感。

主持人：从这些模具里面也能看到那些雕塑的影子，您看完这些之后有没有这种感觉？

王飞跃：在我理解它不仅是一个实用的模具。我们看到的模具里，是木雕语言，高浮雕、低浮雕、浅浮雕都有。不同时期有不同的雕刻技法。

于进江：当我们准备在这里办展览的时候，王馆长给了我们很好的建议。他说这些模具本身就像木雕、像版画一样，应该把它提升到模具艺术的层面。我觉得这确实给了这次展览非常重要的启示。从王馆长的角度来说，做了这么多展览，很想听到您对展览的评价。

王飞跃：首先它具有当代性。当代艺术几个要素之一就是当下创作，然后一定要有它的观念性和批判性。我们用的每件东西本身就是一个实用的器具，由于这种器具持续的发展，形成了中国一种传统文化模式。通过把它制作成实品，让它承载着中国的文化，每个时期

的政治、经济、生活，都可以从小小的模具里传递信息。我对这次展览还是比较期待，包括整个展览呈现也十分令人激动。我觉得它很具有当代性。

还有一个很有意思的就是传统模具与卡通形象的对话，用现代的技法表现对过去生活的理解。这种形式的展览在之前的确还没有过。策展也好，团队也好，费了很多的心思。我们的展览空间很有特点，但是实际驾驭起来很难。驾驭得不好，作品就等于是一件装饰品。这次的展览从整体视觉设计上来说，和展览场地很好地融合了。

主持人：王馆长觉得这次展览很当代；于老师您在进行这些作品创作的时候，是否也有一些直观的、当代艺术的思维在里面？

于进江：我们利用所有方法来实现现代艺术的展示，这可能都是对于艺术表现的载体。其实很多事情是出于自己的初心，4000 多块模具，初心就是希望更多人能看到。至于说在哪儿能看到，我们当时想了很多，比如说在商场、博物馆里，或者在小型聚会里等等。

但最终我们认为这个时期，要展示这些传统文化，更应该放在集合当代艺术的地方。后来经过朋友的推荐，我们来到了 798 的悦 · 美术馆。确实看到美术馆非常漂亮，里面的结构都是像我们想象中的那样，非常简洁、设计感足和具有现代气息。我们相信这与我们想呈现的景象是可以完美结合的。

在选择场地之后，我们对整个布展方式进行了一次深入思考。推翻了很多想法，最初可能想用传统方式来表现传统，可是这样会显得过于沉重，大家不一定接受。现在来 798 的都

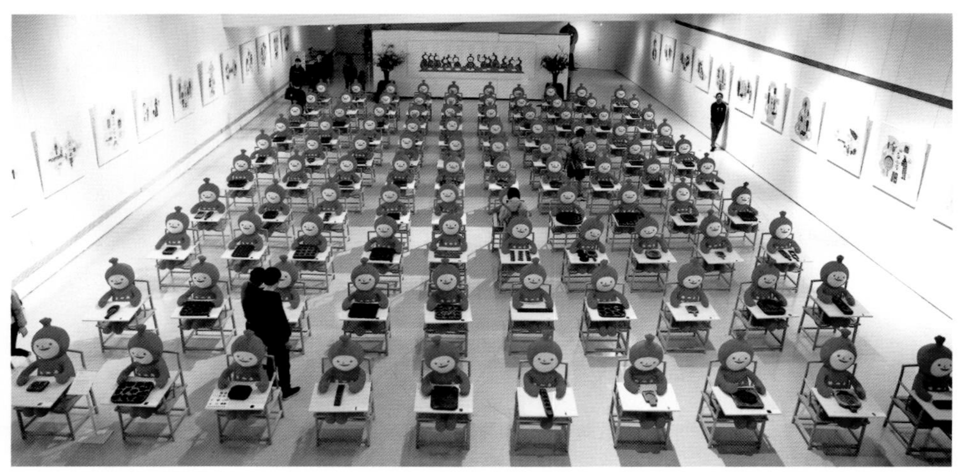

是一些喜欢文化、喜欢艺术的年轻人，怎么让他们能够进到博物馆里来和我们的展品互动，同时又能够去增加他们对传统的认知和了解？传统的模具怎么让年轻人接受？

一次无意中，我找到了一个葫芦造型的模具，这种造型在中国传统物件里非常多，而西方这种题材的物件很少。从这里我们寻找到了视觉语言，衍生出一个福禄娃。我们希望通过一种现代的物种坐在代表传统的椅子上面，面对中国传统文化的一个重要载体——点心模具，这既是传统与现代的一次碰撞，也是对中国传统文化传承与创新的一次梳理。这就是我们称为“位置”的作品。

100 个福禄娃，解读 100 个模具，100 在中国传统文化中代表着颠覆与创新；传统的中式椅子这一古代中国家庭中常见的家具，不仅代表了地位也代表了位置。这 100 多个“位置”每个人解读的内容都不同。我看到有人在我的微信里留言，说这个展览是一个有温度的展览，没有距离感。这几天的展览，孩子们也很感兴趣，他们会靠着娃娃摸一摸，去合影，然后会试着去了解模具里的故事。合影的过程中模具都被影像记录下来，我相信再过很多年，他再去看这个展览，他会记住这个可爱的形象，这个记忆就是播撒的一颗种子。这么多来参观过的人，未来会继续把传统的东西传递下去，其实在某种意义上，这已经完成了这次展览的目的。在整个 798 能关注到传统文化的展览并不多，这是一次非常有意思的尝试，真心希望能够利用很好的平台，把我们想传播的事情更好地展示给大家。

王飞跃：确实是这样，在整个策展的过程中，我们是全程参与者，之前推翻了很多方案，最后用这样一种形式来呈现，目前来看是最好的选择。普通人看也许只是一块木头，但我们通过“福禄娃”的形象，让这些东西变得有一定的观赏性和互动性，具备了传播的特点。

主持人：作为悦·美术馆来说，您举办了各种各样的展览，种类非常多，前几天有人说这个展览的门口很像嘉年华的感觉，不像是艺术展。您觉得这样一次展览，有没有为美术馆增加另外一种可能？

王飞跃：我们从开馆到现在，举办了一百多个展览，展出了两千多个展品，当代的做了很多，但是人们对美术馆的理解是不一样的。美术馆在西方叫艺术博物馆，有三大功能，作为展览展示、收藏的功能，基本上我们都做到了。美术馆的公共教育功能比展览展示的功能更重要。

为什么要做美术馆？美术馆对社会的价值在哪里？如果只是展览一些大师的作品，怎么能让更多的大众走进美术馆、接触艺术品？这实际上就是它的价值和意义。我觉得一个美术馆需要有自己的气质和特点，这是它的方向。人们的审美素质不一样，在短时间里强加给大众是不现实的。这需要培养，培养很重要，就像嘉年华一样，你只要进来了，懂不懂不重要，只要关注到它，就有可能去喜欢它。我觉得这个展览的价值和意义就是让大家喜欢，对于孩子来说有参与性。

于进江：之前有一个来观展的观众，我正在整理模具，他问这是老的模具吗，我说是啊。他说不好意思，我已经摸了好几下了。我们有的时候去看博物馆，它是禁止触摸的，反而我们这次展览是允许你轻轻触摸一下，因为你是爱护它，而不是去损坏它。

王飞跃：798艺术区的定位是当代艺术，它跟潘家园不一样，所谓传统的规划很少。但是我觉得什么东西落差越大，它就越会刺激你的感官神经。

所以第一次见面的时候，我首先被于总的精神感动，因为他很年轻，他能够去发现，然后全心全意投入做一件事情，这一点不容易也很重要。第二个我看到了创新的想法和理念。所以这个展览到目前，我觉得基本的诉求已经做到了。

一定要把我们所有的展览，力求做到嘉年华。刚才我们对话说，传统文化对我们的意义是可以让你很快地学会接受这些东西。你发现所有的大国崛起，能够强盛起来的大国，一定是坚持传统精神的，体现民族自信的。我觉得传统文化的价值，就在于它的这种促进和包容。

小碰撞，大发展
Small Collisions, Great Development

主持人：于老师收藏这么多好的模具，花费很长的时间，投入那么多的资金，是什么样的动力促使您去做这件事，做得这么执着？

于进江：我是做设计出身，最早学的是美术。我觉得核心内容是去发现生活里面不一样的东西。其实像现在做收藏，很多人关注收藏各种名家、大师的画，日本、欧洲的艺术品，唯独中国民间的艺术品，大家关注得很少。

中国人一直在谈“民以食为天”，吃是我们每天的主线。开始研究点心这件事，是因为之前合作的一个客户在做点心，心想我先自己做做调查，自己研究不透，怎么能帮客户去做事情呢？你要先成为一个专家，才能说服客户，才能够带领客户，寻找到一个好的创意。

那个时候我就陆陆续续去找模具，无意中发现它们题材都不一样，内容也不同，就仿佛突然间寻找到了一把钥匙，打开门之后，我看到了这里面的大文化。今天带来这款经典的模具，让我觉得很感动。这是匠人的作品，这款造型，能看出有国画的痕迹，图案是经过标准设计的，有绘画语言，装饰性也很强，整体很对称。

两个顶端盘旋的凤凰，正所谓双凤朝阳，寓意成双成对，吉祥如意。中间的“日”字，按照正常来讲日月同辉，所以古人只写一个字，日代表了日月。下面两端正在嬉戏的两条龙，则是“二龙戏珠”的场景。“珠”一般指的都是蜘蛛，寓意知足常乐，对自己的生活满意，才能使自己快乐。而龙凤组合在一起就是“龙凤呈祥”，代表着吉祥如意，吉利喜庆的事。

再看正中圆形的月宫里，一只玉兔正在勤劳地捣药。一个人在前行，侍人给她打了一个华盖，一般贵族出行才会打上华盖，证明此人的身份非常重要。这个人就是西王母，正为不久将至的盛宴而会见嫦娥，了解长生不老药的进度。

模具中所描绘的就是西王母的故事。从汉代开始，月宫里的玉兔和长生的概念已经非常流行了，这个故事延续了上千年。这种寻访月宫的题材在整个中国的古代月饼里是很常见的。

这块清代的模具雕刻人物众多，凤在上，龙在下，内容丰富精美，而且以歌颂王母为题材，不为多见。每块月饼都是一个故事，每块模具刻画的都是一段历史。

小碰撞，大发展
Small Collisions, Great Development

主持人：确实，一块模具不仅是手工工具的制造，还包含了丰富的历史文化和神秘传奇的故事。现在很多很深的传统文化，能延伸到推广层面的很少。这次模具展，规模在国内算是非常大的一次，那王馆长您觉得在这个领域的推广上，现在有什么样的问题？我们如何把这件事情做得更好？

王飞跃：刚才我提到的，历史对于我们的价值是为了更好地体现未来，这个定位很重要。我们做企业首先要定位准确，这就成功了一半。一是我们要更多地关注90后，这些年轻群体，引起他们的关注和参与；二是现在实际上改变我们生活最快的是互联网，线下要与线上有机地结合。时代在进步，微信给我们带来了很多的便捷，相信未来会有比微信更先进、更好的软件出现。所以，年轻人代表着社会、代表着将来，我们应该在互联网上去引起更多的关注。

主持人：传统文化的传承是一种挑战，如同这次展览，不是很传统地把模具放在板上展，而是设计一个连接点，通过福禄娃让大家进入到这些模具的文化世界。那于老师您觉得怎么将这些好的东西、宝贝传递给更多人？

于进江：今年除了展览，也做了一些尝试。我们复原了中国一块三百年以前的月饼模具。这款经典的月宫形象模具，中间是广寒宫、桂花树、玉兔和嫦娥的形象，把形状重新放大做了这一款月饼，包装也是由此研发的。

小碰撞，大发展
Small Collisions, Great Development

现在一提到月饼，上面印个字体有个花边就可以了。所以重新复制模具上精美的图案，我们想先让大家知道，原来中国的月饼并不单调难看。接下来更大的使命是通过这个福禄娃，把中国点心的文化用很轻松的状态、很现代的语言重新描绘，让更多的年轻人和孩子能接受它。

上一次农展馆的模具展览活动给我的感触很深。我问孩子们，大家吃过面包吗，吃过蛋糕吗，大家都举手，都吃过。我说你们吃过中式点心吗，没有一个人举手。或许孩子也吃过，但不会知道所谓中式点心的定义，而一块蛋糕却可以让他马上有联想、有定义。那中式点心是什么? 大家没定义，脑子里面没感觉符号。

就像日本人说“菓子”一样，日本人说“菓子”肯定和它的节气、宗教信仰等有关系。我们看到这么多形状各异、题材丰富的点心模具，未来我更大的使命，就是希望通过这4000多块模具，提炼出现代人可以接受的图案，复活它，让它重新回到人们的生活当中。

这就是我想去做的一件事。创新一个大家完全不知道的文化，一定是基于一定的题材去创新，或是通过一种传统故事去创新，我觉得这才有可能引起现代人的关注。我们愿意做中国典型的文化，也开始关注到这样一个市场，因为它确实每天都存在于我们身边。未来我想把这些模具做成一个在中国很重要的、很有意思的模具博物馆，我们的“福禄娃”会作为馆里的吉祥物，给大家介绍这些模具，快乐地去向更多人述说这些故事。

王飞跃：你可以发起一个研究协会，因为历史文化的传承，点心对我们生活的改变，不单是从你这个角度来看的。以你的角度打造成一条主线，然后联合一切可以联合的力量把它做好。

于进江：对，这件事要做起来确实很大。我们可以成立一个中式点心研究协会，把不同行业的人、有意愿去保护它们的人聚集起来。我们互通有无，希望未来有机会一起联合做更好的展览，让更多的人看到这些精彩的东西。这个协会真的是能够集思广益，博览众家之长，我们只是一个发起者，能看到这件事情因为不同的人而持续发展下去，这很欣慰。

主持人：对于中国传统文化的推广，这次展览只是一个开端、一个启示，希望更多的人能够从中看到我们对中国传统文化推广的一些创新想法和形式。也很期待于老师能够作为发起人，成立一个点心模具协会，继续传承我们的传统文化。

天山福饼
发现传统文化之美
Mid-autumn Festival
制作工艺与口味
Mid-autumn Festival

主题：善行世界里的生活之美

2017.10.3（下午）

嘉宾：李高峰　刘 华　于进江　主持人：非 飞

李高峰，环保志愿者、全国劳动模范。河南在京环保志愿者服务队的发起人。河南周口籍。

刘华，美术教育导师。

于进江，于小菓品牌创始人，容与设计创始人，小罐茶联合创始人，灵山集团文化设计顾问，中国新锐艺术家。热衷于传统文化与艺术研究。从事商业视觉设计，长期致力于视觉设计在品牌传播与营销中的运用及实践，成功塑造了E人E本、8848钛金手机、小罐茶、广誉远、燕之屋、灵山小镇·拈花湾等国内知名品牌的视觉设计。

主持人：今天的论坛会让人感受到有一种感情的温度在里边，因为我们要从于进江的模具展中，去感受模具中那种艺术的、文化的呈现，同时感受一种爱的呈现，“爱”从哪里挖掘？让我们拭目以待。

今天邀请的嘉宾是全国青年联合会常委、全国劳动模范李高峰老师。他是一位从事多年公益事业的公益人，也是中国的爱心大使。另一位是刘华老师，是于老师的高中美术老师，正是她发现了于老师在艺术上的巨大能量。首先想问一下刘华老师，您是什么时候发现于老师在艺术方面的天赋？您看到了哪些闪光点呢？

刘　华：在我带学生的过程中，发现于进江的美术天赋很突出，他总是能把老师教给的东西很快、很精确地表达出来，角度又总是很独特，完成得特别好。

于进江：对于我来讲，一直很感恩于她。我生活的地方是周口，虽然物产比较贫瘠，但比较注重教育。那个时代大家都认为画画没有前途，我又比较喜欢画画，后来遇到刘华老师。记得我总在要考试的时候，去她家里补习美术知识，她帮助到我很多。

今天邀老师来看展，也是对老师的一次汇报。这么多年，她给了我坚持下来、走下来的信心。其实今天下午核心的主题，与慈善有关，我们请到中国好人、环保志愿者李高峰先生，我很崇拜他，觉得他致力慈善，是无私地奉献。刘老师也是一样，当时无私地发现这样一个学生，给予他帮助，成就他的梦想。因为这些无私，不光感动了我们，也能够感动别人，今天的相聚是一次谈及文化、慈善、未来的聚会。

很想知道李高峰老师当时做慈善的动力是什么，是有意识还是无意识做的这件事？

李高峰：我生长的周口本身文化非常深厚，人憨厚、朴实，从小受的文化不一样，先是父母，后是导师，教我们与人为善，一直激励、鼓励着我。也谢谢于进江老师，给了我这次观看模具展的机会，之前我对模具的印象很模糊，今天来了恍然大悟。过去老家互相送点心，送的就是一种文化和感情，于老师的大爱值得我去学习，值得我去赞扬，值得我去宣传。

于进江：今天讲到慈善，我准备了与慈善有关的模具跟大家分享。这块模具图案四周所描绘的是首尾相连的扇子和钱币，在山西晋南地区发现它的时候，我并不知道它的真正含义。后来经考证，扇子，其实和中国人的慈善、行善是有关系的，行善积德方能得到非常好的财富和运气。扇子和钱币整体形成圆环，生生不息环绕在一起，暗指行善不是一时之事，

◀ 于进江与自己的美术启蒙老师刘华女士交流艺术创作

而是一直坚持要做的事，这也是中国人理解的善念。我认为古人做这个东西，是希望教化子孙，一定要行善积德，做好人、做好事，你的事业财富才能得到更好的回报。

中间的经典月宫形象，表达了中国人期盼一个和睦、团圆的场景。天上撒满了北斗七星，描绘的是天人合一，自然万物在一起生长的过程。

中国人的过节送礼，可能就是积德行善，蕴含着中国人儒雅的生活方式，也希望李老师谈谈您对中国人过节的看法，做人做事，与节日有关系吗?

李高峰：有关系，像在北漂的人们，每逢佳节倍思亲。刚才于老师对模具的解读很深刻，今天我才切身地理解，父辈传递的善行文化。这种文化用模具、用点心表达了出来，通过传播，让后代记住，要当好人，多做善事。这个展览一定要通过“一带一路”走出去，让世界人民更多地了解我们中国的传统文化，每一个模具代表着一种意义，我们的善行、善意都在这块小小的模具中体现出来。

于进江：最近几十年，在经济飞速发展中，很多人以经济利益为主。这块模具，正好反射了这种状态。君子爱财取之有道，如何取之有道? 是从你的积德行善过程中去获得财富。

我认为古人对财富的理解是很正面的，通过行善来获得荣誉、财富和社会地位。在传播中国文化的同时，是通过“一带一路”倡议，去向世界传达，中国人所获得的经济利益是以善去连接的，因为和平、友善，才可能获得别人与你进行商业合作的认可。小小的点心，暗含了这么多有意思的事情，证明了我们伟大的传统文化是多么博大精深。

李高峰：当初做善事没想过得到什么，就想帮助别人。父辈们的言传身教，教诲我多帮助人，自己是快乐的。通过模具用传统文化来引导和影响更多人，使他们都来做善事，都来当好人，把老祖宗留下的最美好的传统美德传承下来。

于进江：中华民族是一个以和善为核心的民族，善对很多人来讲，有时对于老人，有时对于亲戚，有时对于社会。那么李老师您对您所获得的荣誉，是怎么看的?

李高峰：荣誉只代表过去。人们对我的认可，会使我在善的道路上继续前行。

通过这次活动，我很感谢你，你能把几千种模具收集起来，这是在保护我们的文化遗产。以后，在善行大会、公益大会上，你可以做我们的传承大使了。

于进江：对于模具的收集整理，我真的不像很多收藏家一样，要收集很名贵、很稀有的，甚至很值钱的。我们的模具在很多人眼里可能很便宜、很微不足道，但我觉得我们做点这样的事情，可以为中国文化保留一些有价值的遗产。

中国的节日是以团圆为主题，团圆的珍贵是无法用金钱衡量的。今天刘华老师来，对我也是一次团圆，20多年没有见过面，一直有所挂念。我也觉得，让老师讲讲她对学生的想法，她拥有这样无私精神的原动力是什么呢?

刘　华：老师对学生付出是很正常的，当你看到这个学生，特别是于进江，就更愿意付出了。他在我那儿上课的时候，就读很普通的学校，但我发现他之后，感觉不能把人才埋没了，就那么一个很简单的想法，出发点很单纯，感觉他应该到更好的地方去继续学习，起点高一点。他做到了，今天看到他的成绩，我特别欣慰。他为了传统文化，在无私地奉献，给我们中国传统文化搭起一座桥梁。点心、月饼，对寻常百姓来说很简单、很渺小，但其中蕴含的文化确实非常大，很深奥，他能把这些模具收集整理在一起，并让大家去看到，去学习这个东西，我觉得这是一个伟大的想法。这种精神，让我感觉非常欣慰。他是我的学生，我们师生情很深，当我知道他在做这个，我真的又惊讶又开心。

于进江：我当时去学画画，家里人是不太支持的，认为没有前途，因为当时中国人对艺术认识有限。后来我记得刘老师陪我去河南开封考试，住在不好的酒店里，看看自己能不能有机会考上好的学校，从偏僻的河南周口走出去。现在想想，可能我们自己对身边的人都难有这样的付出，为什么要平白无故帮这么一个人，只是你的一个学生而已，你完全可以不用管他。但我觉得她能够带着我离开周口，去一个地方考试，这其实本身就让我坚定不移地觉得，我们应该好好做一件自己所追求的事情，应该对得起老师。我一直觉得刘老师对我的启发，也是我现在对身边人的方式，我觉得应该像老师一样，在我力所能及的情况下，去帮助一些能够帮助到的人。我觉得这就是我应该做的一件事情，我认为老师给我树立了一个很好的榜样。

主持人：这不仅仅是承载了一种爱的重量，也是承载了一种教育的力量。我能够感受到每一个模具中表达的故事，体会到于老师对于模具的爱，寻找这个过程的爱，还有对于亲戚朋友和老师传承下来的爱，汇成了这巨大的动力。经历三年的时间走遍大江南北，面对种种困难，搜集到这些宝贵的艺术品，再展现给观众，整个过程，于老师也应该是特别感动吧？

于进江：其实是这样，我谈几个我对收藏的理解。我觉得收藏是作为设计之外，能够给我带来快乐和动力的一个事情。我觉得作为设计师，包括我们的艺术创作，其实需要不断地有新鲜的东西来提示。但是我一直谈一个观点，就是作为中国的设计师，我们设计的东西，超越国外，引领全球的设计师，其实不大可能，因为我们还是一个发展中国家，不是发达国家。这个时候我们拿什么文化能够在国际舞台让别人认可你？其实一定是“民族的就是世界的”，就是说这个时候我个人反而更喜欢传统。我做传统的时候，也会思考如何把传统做得更现代，就像福禄娃一样，以葫芦的造型做一个很现代的形象来给大家展示。

收集模具、收集古代的东西，我也是觉得它们给我带来了源源不断的创作灵感，会有一些新的方向、新的思考。那我作为一个收藏它的人，也会考虑我为什么收集它。可能中国人对于收藏，更多的人认为挺赚钱的，今天花100万买了，明年就可以卖1000万，因为可以获得财富才去收藏。但我觉得不一样，以前我收集石刻，家里有一千多个石头狮子。记得刚刚来北京的时候是2005年，我就开始收集石刻，那个时候加班很累，很辛苦，我只要闲下来就逛各种市场，去买这些东西。说实在的，很多赚到的钱都买了大家认为杂七杂八的东西。

我有一次跟家里人聊天，我说等我老了，我的想法就是把我收藏的东西都捐了。第一，从收藏到现在没有想买卖，去赚一分钱，我觉得既然喜欢它就应该保存它，因为从各个地方把它们收集到，说明跟它有缘分，你就有义务去保管好。第二，从做设计和艺术的角度看，选择的题材，不会像普通人一样那么简单，因为我也看到收集石头狮子的，一个造型重复十遍，变成一百个，千佛一面。

我收集物件一般一个造型只要一个，一个图案只要一个，重复的就不再购买，因为觉得题材都是相似的。后来有一次，家里人给我打电话，说进江看你每天那么辛苦，那么累地加班，再看你家里的这些东西，我认为已经够你捐的了，你为什么还要这么辛苦地再去加班？因为他们也知道，我所有的收益都买了这些东西了，他认为我不需要加班了。这个事儿让我反思了很长时间，我给家里人留下了什么印象？感觉到这事儿够你捐的了，你就不用了。其实捐献嘛，真的是一种慈善。我认为我收集的东西，像刚才刘老师你们也在说，可能是一座桥梁，因为文化需要传递，我们这代人不去收集和整理它，可能过段时间就没有了。我收集这么多模具，有一件让我记忆深刻的事情。有一次，一个人找到了一种模具，但已经被火烧得只剩一点点了，他问我，说于老师你还要这样的吗？还要这样残破的吗？我记得是一个人物的图案，但其实已断了一大半，我说我还要，残的也要。为什么？因为我觉得古代人留下的基因和文化符号，你不去收集它可能那个人就把它扔掉了，说句不好听的，农村人家可能当柴火烧了，它不值钱。因为更多人来到农村人家里，会问你家里有没有红木家具、有没有床，就算私下也不会说你家里有没有什么模具，我要收集，因为这个东西太冷门了，没人要，也没人关注。所以我说越是没有人关注的事情，对于我来讲，其实越有机会去发现它的珍贵，发现它的与众不同。

能够把这些有特点的东西整理在一起，同时能把它们的故事通过我们的讲解和文字说明解读出来，我觉得其实就是我对文化的一次很好的奉献吧。我认为我们去获得财富，积累一些文化和素材，行程10万多公里，从南到北，由北京到福建到潮州再到泉州，各地都走，每到一个地方就会逛古董街、古董市场，就会留意这些老的模具，老的一些内容，其实一个是我兴趣所在，另外，我希望收集一些东西，整理它，研究它，发现它背后的故事。所以对于我来讲，我也在学习，因为发现这里边既有刚才说的知足常乐、行善积德，其实还有一些和民俗信仰有关系，比如说尊师爱教、长寿健康、对小孩和老人的祝福。今天我还拿了一个模具，它就是一个"寿"字，一个老人。这个我印象很深刻，买到这个模具的时候，我曾经问过，为什么要做成这样？为什么是一个"寿"字，为什么是个老人？他们说下面这个做成长寿老人的饼，是要给孩子吃，希望孩子健健康康；上面这个饼是给老人吃的，孩子送给老人的，是两份礼物。给孩子吃，代表长辈对孩子的关心；给老人吃，希望他能健康长寿，是一件全家幸福的事情。我是觉得有些东西看似很简单，却串联了一种感情，就是对不同人的问候，老年人对孩子的问候，孩子对长辈的问候。

其实现在呢，中国已经慢慢进入老龄化社会了，对健康长寿的期望，以及对老人的关心格外重要，我也想借助这个话题问问李老师，因为您中秋节给老人送了很多慰问，看到他们的处境，您觉着现在中国老人的情况是什么样的？又应该有什么样的呼吁呢？

李高峰：真是，这么多年，我一直是北京市的孝星，每年都给我评，身上的奖章很多都是孝星。因为从到北京来之后不能常回家孝敬自己的父母，我就把我身边的这些老人都当成自己的亲人去孝敬，帮助他们收拾家务，给他们理发、修脚、洗内衣内裤，我能感觉到，我帮助了别的老人的同时，也是我在尽孝。我看到现代老龄化的快速进展，我们老人越来越多，现在子女们陪伴老人的时间越来越少，每逢节日，老人盼星星盼月亮盼着子孙能来团聚，这次中秋、国庆节，我身边很多人都主张大家一定要回家多陪陪老人，老人很孤独，现在吃喝都不缺，缺的就是精神这一层面。今天我也领悟了很多孝道文化，我们今后把这种模具展的故事编成书，进社区，进学校，把我们老祖宗留下的传统美德，传承下去。听了刚才于老师的讲解，也颇为感动，围绕古老的模具，围绕中华的孝道，他不远千里去收集这些文化，体现出我们是普普通通的河南人、踏踏实实的河南人、不畏艰险的河南人、侠肝义胆的河南人、自尊自强的河南人和能拼会赢的河南人。

于进江：我们今天三个河南人，真的是要为河南代言。

周口是河南人数最多的城市，说十个中国人有一个是河南的，十个河南人里就有一个是周口的。周口这个地方，其实挺神奇，我们那儿有老子，有人祖伏羲、女娲，是一个人杰地灵的地方。

人到了我这个年龄，会重新回顾自己。我们那个地方的人，对传统文化是很热爱的。你看周口每年的庙会，应该说是全中国最大的庙会，庙会里讲的就是因果轮回，警示着人多做善事，才会子孙昌盛，家庭和睦，若都实现还需要还愿。我从小就接受到很多传统文化美德的教育，去收集这些传统的东西，已成为我的一个习惯，因为从小看到这些东西，一直在理解。周口还有关帝庙，也就是晋商博物馆，我收集这些模具，有 70% 以上都是山西的模具。我会发现人文里边有一种规律，仿佛你是这个地方的人，曾经接触过晋商，在文化熏陶的过程中，无形之中仿佛是历史对于你的安排，你要把老祖宗的东西给传递好，你要做一件对中国传统文化有传承的善事，或者有意义的事情，才能对得起自己设计师这样一个身份，不然的话凭什么说你的设计好？好在哪？你对文化没有贡献，说一辈子通过我们的设计赶超欧美，让大家喜欢你的设计，去摒弃他们的东西，我觉得不可能，我们没有办法改变。但我们弘扬中国的文化美德，弘扬中国的传统文化，我认为既是我们的使命也是我们的骄傲，我们的设计才可能被国际上认可。

李高峰：很骄傲了，您本来是个设计师、美术师，又收集了这么多模具，现在做的实事真是把传统文化又继承下来。我自己也会永远铭记我的根在河南，但我志在中华，我人在北京，路在脚下。我一定让全国人民学习河南人、赞扬河南人、宣传河南人，我说我要证明我们河南人是优秀的，我这样说我就这样做。

于进江：我要努力。

李高峰：这种文化通过传播、影响，把我们祖宗留下来的宝贵财富给拯救了。别人瞧不起一块破木头？有的当古董，有的去卖钱，而于老师把它们挖掘出来，传播出去，那将来就是一大笔财富，给后代留下了多好的精神财富啊。

于进江：其实我觉得您说这些，让我越来越觉得这个收藏既是家乡人的记忆，也是作为一个设计师，作为一个艺术家，对社会最好的回馈。这次展览花了很多心思，因为我们选了100块模具，当时我在选择的时候，第一，是希望每个主题都不同；第二，有很多人也说，知道我做设计师，如果曝光出去，别人都知道了，未来怎么弄啊？其实中国人收藏的东西，有个概念，秘而不宣，就是你不知道，其实我藏了这些东西，藏宝，所谓收藏，不让人家看嘛。

我说我不一样，我是希望更多人看到。因为文化的东西，你自己看到和自己学到，是很小很小的，如果说你让很多人都能看到，很多人都能知道，就像我们解读那些善和财的关系的时候，可能未来我再送人，我就送你一把扇子，送你一把财，代表你会做善事。那这其实也是当代企业家的一种使命，而你的企业肯定要对大家有贡献，你的产品大家才会买，你对社会敢于担当，才能受到社会的尊重。我觉得这才是中国人经商诚信为本的体现。

其实刘老师在我们河南一直还在从事教育工作，我们一直觉得她是最能承担起这个使命的，很多时候她做了很多无私的奉献。这么多年没见，刘老师，也讲讲您培养学生的心得或者感觉吧。

刘　华：教书育人，首先想到的就是把学生教好，这是最基本的。把自己的知识无私传递给学生，学生变得更好，你的成就感就出来了，就这么简单。我感觉身为一个老师，简简单单就好。其实这几年，我也和咱们做慈善的一起，做了一个专题片，要一千多万，名叫《在路上》。我们用空闲时间一直在做，去年有两次走访了几个匠人，一边教书，一边做点事情。

李高峰：下一步是跟于老师带着这个模具文化走进高校，走进学生。是不是？

刘　华：来的时候，看到进江，我也想将来再把慈善搞好。因为咱们现在国家对传统文化比较重视，记得我在1997年来北京进修的时候，我的老师问我是哪的，我说我是河南周口的，老师说，哎呀，你们周口的在这儿挺多的。我作为一个河南的人，我简简单单地说几句，我们河南人特别好客，特别善良。

于进江：像小罐茶的杜总，他也是河南的。你去百度搜于进江，资料里坦坦荡荡写的我就是河南周口人，没有必要掖掖藏藏，因为我的故乡哺育了我，我的民族文化熏陶了我。我一直在说，周口人很重视教育，有条件的要好好往上考试，我们河南分数也很高，周口还出了那么多尖子生。

刘　华：当时给我感觉，进江一定要有一个更高的舞台，我就简简单单地这样想。首先他的性格特别好，而且很好学，很专心。特别是我们那个学校，当时是职业学校，不会被社会重视，他一直默默地自己在学习，特别好，我就感觉他需要一个更高的舞台。当时带他去考试，就是单纯地想要他去一个更好的学校去学习发展。

于进江：您是我人生第一个伯乐。因为如果按照正常来讲，学生考到我们周口一中嘛，就是职业高中，说白了你的职业轨迹，一出门就可以干活去了；而很多高中学生，未来还要考大学，前途一片光明。这个时候刘华老师让我重新树立了目标，让我可以有更好的平台让自己再去发展。

确实都是这样，我是觉得我们人生中很多时候，得益于自己的贵人，自己努力是一方面，另外还有一些贵人对你的指点与帮助，这其实就是我们中华民族的传承。我在收集点心模具的时候，也在思考，我们周口的民俗里边有没有点心。其实周口也挺看重点心的，像顾家花馍，尤其过节过年还要送点心，送果子，送炸的油条。这些精美的点心模具，可能跟我们当地差不太多，因为我们那边古代相对比较贫穷，或者说战乱的时候，丢失了很多，但点心也是我们礼尚往来很核心的文化。反正我儿时，一说谁家串门走亲戚，大筐小筐的要带油条，带鸡蛋，就是那种礼尚往来的东西，这个其实很有意思。

主持人：三位老师谈的过程当中，我感受特别深的一点，也是很感动我的一点，就是不管三位老师是在什么样的环境当中，或者别人的看法是什么样，都一直在坚持自己的初心，做一件非常有意义的事。就像于老师的老师，就认为于老师是很好的苗子，坚持这样一个很单纯的信念，把于老师送上了一个非常好的舞台，才有了今天的闪光点。还有我们的李老师，很简单的善心，就是要帮助他人，不管其他人的看法，就是要给他人带来快乐。当然我们于老师，我也是听于老师团队的伙伴说过，在 2009 年的时候，于老师就在甘肃陇南那边给小朋友建立了一个公益的图书馆，这是不是您第一次做公益的一个比较大的事业呢？

于进江：其实是这样，因为我一直也没说另外一个身份，我是中国狮子会的会员，尤其是北京狮子会的创会会员。北京狮子会当时创立的时候，应该是二三十个人，很少。但最早的狮子会是个国际慈善组织，最早在美国，我在深圳的时候已经了解到它了。深圳最早在中国做了很大的公益活动，是给西藏地区的藏族同胞做白内障手术。我理解慈善，都是从这种活动开始的。而且真正融入慈善也是这样，原来你的善举可以救助这么多的人。狮子会提倡的观念是出心、出力、出钱、出时间——“四出”精神，这四出可能对人要求挺高。有些人认为我出了钱就没事儿了，反正你们去干活吧。但有些人说我给了你们钱会很不放心你到底给了谁。那还有些人想体验一次所谓的慈善过程是怎样的，去参与了。所以说狮子会真正能够完成不同人从不同角度去对慈善的解读，你可以真正着手去参与进来，也可以去创造一些机会。当时我们成立北京市联合会快乐 100 分队的时候，也是我的好朋友（冯继超先生），他发起的活动叫“爱心阶梯图书馆”，就是给各地的学生建立图书馆。其中一个活动内容，是鼓励大家把自己多余的书、二手的书、自己用不到的书给捐出来，然后我们去分享给这些学校。而不是说我给你一笔钱，你买一批新的书吧，因为我觉得那个东西它既不环保，另外可能你也没什么选择。

后来我们在北京也发起了很多次这个活动，包括跟北京四中，北京的各种社区，甚至当时还和北京的链家地产做了很多的收书活动，确实很受大家欢迎，很多人愿意把家里用不到的书给我们。有一个学生上完高中了，把整个高中学完的书本，全部捐了出来，给需要的人。这种做法，我认为既是一种慈善，也是一种环保行为——你用不到的东西捐出来，就不产生过多的浪费。我们捐的第一个图书馆是在甘肃陇南。当时正好是汶川地震之后的第一个学期开始，我们在那儿捐助了一个学校，学校是崭新的，没有任何东西。当时给这个学校捐献了一所图书馆，我们给它建好并去当地给孩子们捐书，非常感动，因为那些孩子可能从小长到那么大没看到过课外读物，对他们来讲所有的书都是没有看到过的。在捐书之后，我发现很多孩子拿着我们的课外书久久不离开，在那儿看绘本、看图书，我就觉得真的是送给了孩子很多知识。因为个人来讲，我也是挺喜欢读书的一个人，我觉得书可能会给你带来很多的启发，很多未知的东西，你可以通过书看到别人成长的路径，通过书了解到更多社会的知识。可能在我成长的年代，互联网并不发达，唯一获取知识的途径是在书里。当时做完这个图书馆项目，我觉得自己做的是一件挺有意义的事情，能够帮助到孩子们，能让他们开拓视野。其实送书给他们，让他们获得知识，要远远比送钱这种只是解决一时温饱问题要好，这个是我当时做这件公益的时候，最自然的想法。

主持人：您也是思想上面的一个建筑师了。那么从开启的第一家图书馆到现在，一共有多少家了呢？

于进江：今年我们会突破 100 家。因为在前几年，从第一家开始，我们就发起了一个叫“重走长征路”的活动，就是从云南开始，一直到延安，然后寻找了一些红军长征时经过的地点，在那个地方给孩子们建一个图书馆。我们觉得它非常有意义。因为我们所谓的扶贫，不是简简单单地让他的生活变得富裕，还有他的知识、道德、修养，得到一次真正的富足，才是真正的文化富足。要不大家经常说穷山恶水出刁民，为什么出刁民？因为他的知识面不宽，他可能认为对你做的事情是理所应当的，因为没有道德因素，那这些文化肯定是野蛮的。但你通过文化改变他，用知识去让他成长，我觉得这个才真正构建了我们的和谐社会。

李高峰：这是雷锋精神的体现。习主席接见我们的时候说到，雷锋精神是永恒的，是社会主义核心价值观的生动体现，你们要宣扬雷锋精神，把雷锋精神播撒到祖国的大地上。所以现在于老师一直在播撒雷锋种子，去献爱心，用知识来传播正能量，来教育好我们的贫困学生。用知识来教育我们下一代，培养我们下一代，这真是很了不起的。

于进江：这个其实是中国文化对自己的影响。我认为我们几千年以来受到儒家思想的灌输，包括道教，对天人合一、行善积德、因果融合的这样的一个教育，我觉得这就是文化给我们人生做的一些铺垫。我们骨子里头有这个属性，我们有这样的一种因缘在这儿。所以说我觉得但凡有使命的人，都会遵循和发展祖先留下的东西。其实收集这些模具，某种程度上是一样的。曾经在收集的时候，最开始，我们公司的人都不理解，说于进江你收集那么多够了吧？然后我当时说不够，我说你们现在不理解我，可能过了二三十年以后，你们才知道我做了一件非常有意义的事情，因为在中国没有人这么去收集和整理它，但我在做了。为什么做这个事情？我就想让中国的文化，通过这样一块小小的点心，发挥出它最大的力量。

前两天我们一直在谈，去了日本大家买的都是小点心，日本的菓子包装很精美，但我说中国人想送给他的外国朋友中国的点心，有吗？我们买来买去永远是丝绸等。其实一个小小的礼物很重要，就像我们今天说去了比利时给我带块巧克力吧，去了法国给我带瓶香水吧，去了伦敦你给我带个英式下午茶吧，这最能给大家带来一种温暖的感觉。所以我当时就觉得这个东西有意义，我们未来收集整理它，让更多的人看到它，更年轻的人看到它，这个可能也是我们在这个时代能够做的事情。

主持人：在古代的时候，大家走亲访友，送的就是自己亲手做的点心、食物，因为在做的时候，其实已经把自己的心意给包裹进去了，我对它的感情有多么的深，那么我做的这个东西就多么的精致，然后再呈现出来。像于老师的这些模具也一样。于老师之前跟我们说过，看到这些纹理或被刻上去的图案的时候，其实也感受到了作者在制作这个模具过程中，他的一种用心，他的故事也融入进去了。

于进江：我们把模具收集完之后，不是简简单单地放着，我们会用医药硅胶，把它再翻出来，翻出立体的模型，这样这个东西可能就可以保存很长时间，让更多人能够看到或触摸到它上面的花纹和图案。这也是一次文化的修整和汇集。我希望把收藏它的更大的意义发挥出来。其实这图案很漂亮，也很精美，它里面是广寒宫，玉兔在捣药。玉兔是个很有爱心的形象，北京人过中秋时说到的兔爷形象，能够帮助人们祛除灾难、祛除病痛。玉兔捣药这个典故也很重要，就是说中秋吃这个月饼，会先供奉给月亮，家家户户去上个供，上供的时候其实每个人的愿望，就是玉兔捣出来的这个药，给施加了法力，最后到了月饼里了，那这一家人再去吃这个月饼，等于感受到玉兔对于自己身体健康的一个祈福。

主持人：这种小巧的月饼当中，我们可以看到里面有制作师傅的心意，有匠心包裹在里面；还有像于老师讲到的，在制作的过程中，它的故事是什么样的，它的食材选择是什么样的，甚至这样一个小小的月饼还承载了很多的爱意，承载了很多的文化理念。我们也希望于老师把这些点心模具给大家展示完了之后，世界各地的人也能够尝到来自中国的传统的点心，感受到来自中国的传统文化。

于进江：我希望有一天，例如说我们李老师，好人，可以做一块好人的点心，代表自己的心意送给老人，老人吃到它说好人给送了这样一个东西，其实就是传播善的理念。我个人一直在研究节日和点心的事情，像未来的教师节，我们也可以为老师做一款点心，代表学生对于老师的一次问候。其实一块点心并不简单，因为这个时代没有人说我吃个点心为了填饱肚子，它就是心意、问候，就是你不好意思去表达的事情，通过小小的点心问候告诉你，我很关心你，我希望你长寿、健康、快乐。其实我认为中国是个礼仪之邦，我们所有人吃的东西，上升到精神境界的，只有点心，我们没有说送一碗米饭来表达礼仪的。点心就是中国文化礼仪的一个象征，是非常重要的一个仪式。

主持人：我现在知道什么是点心了，就是"每一点点都是用心"。我在当中看到公益里面传承出来的爱，看到我们师生之间传递出来的爱，所以这一块小小的点心，我相信它的分量已经不足以用语言去进行描述了。因为只有真正去感受它的时候，才能真正地感受到这种爱是怎么样传递到你心中去的。

◀ 青年演员刘玥心（左图）、知名歌手王晰（右图）参加开幕仪式

主题：中国传统文化的中秋习俗

2017.10.4

嘉宾：孙 可　张 弘　洪 爽　于进江　主持人：非 飞

孙可，字露申，京华人；中国插花传承者；《中国插花简史》作者。善因华道传统插花研究会创立者。曹洞佛学院佛教艺术系特聘教授。亚太插花艺术联合会理事。国际花友会中国代表。曾任中管院花道文化中心主任。

张弘，善因华道研究会行政总监、讲师。中尼（尼泊尔）文化交流友好使者，尼泊尔阿尼哥艺术传播公司创始人、尼泊尔尼瓦旅行社北京总代表。众妙之门工作室合伙人。长期致力研究和推广般若花供，花的色彩与能量，传统中式插花与现代生活的完美融合。拥有 arniko 品牌系列产品。

洪爽，善因华道研究会讲师；众妙之门工作室合伙人。对花与能量，身心灵成长，传统东方智慧与文化融入现代生活，身体力行，见解独特。同时从事中日传统文化交流活动。

于进江，于小菓品牌创始人，容与设计创始人，小罐茶联合创始人，灵山集团文化设计顾问，中国新锐艺术家。热衷于传统文化与艺术研究。从事商业视觉设计，长期致力于视觉设计在品牌传播与营销中的运用及实践，成功塑造了 E 人 E 本、8848 钛金手机、小罐茶、广誉远、燕之屋、灵山小镇 · 拈花湾等国内知名品牌的视觉设计。

主持人：今天是中秋节，我们邀请了中国插花传承者孙可老师，刚才看到展区有几个您制作的传统供花，请介绍一下它们属于什么风格?

孙　可：今天同时请来另外两位老师，一位是张弘老师，她在做中国和尼泊尔的文化交流；另一位是洪爽老师，她是做中日文化交流的。她们都是传统插花的爱好者，也醉心于传统文化。

花艺是代表西洋花的艺术设计，而我们中国的插花，应该是属于文化范畴或者精神层面。先有形而上，后有形而下。中国的插花比较讲究意境，可能一枝两枝，也能插得很丰满。都是先有哲学思想，后由花来表现。

来说说今天的插花，像这个葫芦瓶的插花，钧瓷的，红颜色，很吉祥。红色是辟邪的，中国人所有的节日都习惯用红色。葫芦是开天辟地时就有的圣物，老寿星拿它装长生不老的仙丹，家居风水用它驱邪、避凶。葫芦谐音“福禄”，福指幸福，禄指功名。瓶子里插上鸡冠花，也寓意加官晋爵、福禄绵长，一对花瓶则寓意平平安安。

而且，中国的插花一定是有器有花，讲究用器以载道。《易经》里说“形而上者谓之道，形而下者谓之器”，用到插花上，则器以载道，器存则道存，器损则道损。

主持人：刚好今天是中秋节，插花在中国的节日里有什么讲究吗？

孙　可：插花是一个口语，如果讲究点说叫“瓶供”。因为插花最早是用来祭祀的，像我们今天拜月、拜祖先、拜孔夫子，都要供花。

到了宋朝，普及了文人文化，这个时期的花瓶更清雅，所以称为清供。我们中秋节的插花，就叫中秋清供。这个节日不仅要插花，还要摆小供品，比如石榴、柿子，一般我们放双数，就有了“事事如意、事事称心”的寓意。旁边放灵芝一类的东西，又加一个百合花的根，那就叫“百事如意”。既有精神上的连接，又有实质的呈现。

主持人：于老师，展览相当于已经把花当成作品的一部分了，很多位置都有插花，您是怎么构想的？

于进江：这个模具展，模具只是文化的一部分，是一种实现的道具，中秋节赏月其实最重要的是供月饼。今天我带来两块模具，非常有意义，都和中秋习俗里的拜月有关系。一块描绘的是一个庭院里，供桌上供三炷香进行拜月；一块是广寒宫里的嫦娥、玉兔。

但拜月的过程不是单调的，要有花器、有供品、有相应的礼仪，总之有很多讲究。请孙老师讲讲拜月要插什么花？为什么拜月要插花？

孙 可：其实在中国所有传统节日里，几乎都要插花。全世界管我们叫什么？叫华人。因为我们的一位先祖是女娲，一位先祖是伏羲。据说伏羲的母亲就是花族人，她很热爱花草，还经常把花草穿在自己的身上，装点在自己的房间里。在字典里，花也是用来形容最美好的东西。

我们的祖先很有智慧，“花”这个名字，能量特别大，而且很美好。花接收阳光雨露的滋润，生长在大地母亲的怀抱里，阴阳合和。开花为了什么？开花结果。如此反复，形成了生命的传递，生生不息。所以中国人遍布在世界各地，虽然经历了朝代的更迭，但到现在人口依然庞大，一代一代地生存了下来。

我们做点心、食物，都承载了很多文化和内容，每个朝代、每个地区、每个图案呈现得都不一样。比如说中秋节是阴历的八月，12 个月有 12 个花神，八月的花神就是桂花。传说中月亮里的广寒宫就有一棵硕大无比的桂花树，吴刚要砍桂花树做桂花酒。在中原地区，这个时候就是满地的桂花，风一吹特别甜香。

白天的时候，因为桂花很小，不能引起蜜蜂蝴蝶的注意。到了傍晚，许多花都凋谢了，而桂花还在开。

桂花的“桂”也和富贵的“贵”同音。在古代，科举之时，要去考取功名，正是秋天，而秋天是一个喜悦、收获的季节。这时家里如果有人读书，就会种上一棵桂花树，或者从小就种，让树跟着他一起长大，等他考取功名，得了状元，就把这棵桂花树最顶端的那一枝桂花折下来，插到帽子上，称为“折桂”、“桂冠”。

从插花的角度，桂花的主要表现在枝条，它开的花很细碎。光插一枝桂花过于单调，要搭配一下。一般我们中国人插花，习惯提前把九月份的花神菊花请来。菊花和桂花，这两者搭配是最标准的，桂花有枝条、有飘香，菊花花大、味道很淡，形成互补。这代表着团圆、饱满、聚财，给我们一种向上温暖的感受。

菊花是中国人最早引种的花卉品种。在《诗经》里都有提到；《离骚》载“朝饮木兰之坠露兮，夕餐秋菊之落英”；《礼记・月令》载“季秋之月，菊有黄华”。菊花也代表财富，因为它是秋天花的盟主，五行里秋天主的是金，金主财富，所以古代如果供财神，一定是供菊花。

◀ 特邀知名插花艺术家孙可老师复原中秋拜月的场景

九九重阳节，也叫老人节、长寿节，而菊花花期比较长，所以代表老人长寿。当然最有名的，还是陶渊明的“采菊东篱下，悠然见南山”。秋分时节，天上可以看到南极星，而南极仙翁是福禄寿三位神仙之一，其形象是一个拿着寿桃、额头很大、骑着梅花鹿的老寿星。“悠然见南山”就是表达陶渊明辞官不做，去过清静优雅的生活，采着菊花，喝着菊花酒，给菊花写诗，颐养天年。

可是我们现代人把菊花给误解了，认为追悼会、清明节才会用到菊花。首先清明节是春天，菊花是秋天开放，时间点不对。葬礼上也不用菊花，因为菊花代表的是长寿。我们现在都想致富，在广东、香港，开业庆典的时候花篮里都插着菊花，过春节家里也放着菊花和金橘，菊和吉是谐音，又吉又发。

主持人：经您的讲解，我们对插花文化有了更深入的了解。于老师您收集点心模具，有没有发现一些古代人过中秋的文化习俗？

于进江：中国人一般对开业活动的花篮都不太注重，但我们这次展览，其实分了两大部分：一部分作品两旁摆了两盆花饰，一部分中间又摆了非常重要的祭祀月亮的清供。

我在收集古代模具的过程中，发现很多都与中秋和祝寿有关系。像今天带来的这块模具也很特别，中间是五个小孩子，五子登科代表考上功名、考上状元，这边是一圈花。这块模具我认为是非常罕见的，也说明花与节庆、吉是有非常重要的关系。请孙老师再解读一下这个月饼模具里的故事。

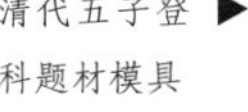
清代五子登科题材模具 ▶

孙　可：鸡冠花寓意加官晋爵，爵是古代喝酒用的，拜月仪式供月的时候就用那个装酒。四周是牡丹，在中国传统里代表富贵的就是牡丹。唐代政治、文化、经济发达，繁花似锦，繁花指的就是牡丹花。这里还有香炉，讲究香火永续。中国的文化，其实就是香火永续、生生不息。不管是信佛、信道还是信儒家，都是希望让我们能更幸福地生活。这是我们中国人的智慧，都围绕着生命的传递。

中秋节这一天月亮是圆的，圆就是家庭的团圆，所有的家庭成员与祖先同在一堂。所以第一块月饼是要供给祖先的，祭祖先就代表重视生命的延续。花代表生命力，展现了美好，也正是寓意着人需要光明和爱，这里有希望、爱、生命的传递。

尤其是八月十五，为什么称为花好月正圆？十五是月亮最圆的时候，会持续几天的圆满。正圆的时候，月亮离我们相对就近一些，它产生的振动波也更大。地球表面 70% 左右是水，水是最能感受到振动的，人的身体里据说有 80% 以上的液体，花的含水量在 95% 以上，这一天花的能量也达到了最高值。

主持人：讲到传承，其实日本对东方传统文化的继承还是多一些。洪爽老师您研究日本的文化，而且又从事插花文化传播，在日本有没有中秋节？怎样过中秋节？

洪　爽：在日本专门有一个词，就是与赏月有关的，叫“月见”，表示“月亮很美好，我们去赏月吧”。而且会有很多传统的图案，比如说中秋时节，会出现很多小兔子的形象，像日本很多传统的布面、饰品，其实都是由小玉兔的形象演变的。

“月见”日不是阴历八月十五，但同样会有庆祝的点心，类似于我们的月饼。其实从这些方面来看，都是我们文化的稍稍变形。他们也会有供月的小台子，尤其是日本的一些神社、寺庙，会更讲究这样的形式和风俗。

花道最早叫供华、华道、中华之道，它有 200 多年的历史，明治维新后改为花道。跟孙老师学习了传统插花之后，会越发认识到我们文化传承的断层。我们文化基因里携带的东西，在日本延续了下来。其实跟老师学习插花最大的感受，就是建立了自己民族文化的自信心。

主持人：我知道于老师也经常去日本，这跟您坚持收藏点心模具，有没有关系？看到他们保存了我们的传统文化，您是不是想要做一些事情？

于进江：其实我们收集模具，也是因为看到大家去日本拿回他们的菓子点心当伴手礼，反而中国人出国访友，很少有拿中国的点心送别人，可能是觉得中国的点心不好看，吃着也很麻烦。

孙　可：这个瓶子的形象就寓意四季平安。花是梅花，代表一种坚毅的性格，而且有三朵，花开三世，代表了过去、现在和未来。当下困难没关系，坚持住，冬天过了，春天就来了。

日本花道爱好者有1000万人，3000多个花道流派和组织。但在国内，八年前我开始从事插花教学的时候，学习的人寥寥无几，现在爱好花道的人开始变多。春天要来了，把土松一松，让水和肥被吸收，种子才能更好地发育。中秋节时，普通人家里都会插桂花的时候，是文化真正复苏的时候。

主持人：我们推广自己文化的同时，也要看到外面的世界，比如，尼泊尔在月圆之时有没有什么特别的活动？

张　弘：现在这段时间是尼泊尔最大的节日，叫德赛节。这个节日就相当于中国的春节，所有在国外打工的人全都要回到家里团聚。

尼泊尔的花是搁置在铜盘里的，盘中放上水，花就飘在盘中，可以用来供佛、供神。花用的是万寿菊，是当地人认为最好的花，寓意光明和美好。

通过跟孙老师学插花，觉得中国文化真的是博大精深，我的性格也变得温柔，我也学会了观察生活，发现很多孩子居然都不知道粮食是从哪生长出来的，传承和发扬传统文化真的是任重道远。

主持人：现在的年轻人连粮食都不知道从哪来的，确实这是很可怕的事。我们这次展览，就用了一个很现代的卡通形象来吸引我们的年轻人。

于进江：这两天我一直在观察，很多人进来都会不由自主地被吸引过去，100 个福禄娃的阵列，冲击力很强。之后，又会好奇地看每一个前面到底摆了些什么，文化的探究都是从好奇开始的。

这块圆形小模具很有意思，中国人一提到花环，总觉得是西方的东西。其实在佛教里，它可能是佛陀身上的花环，放着光。这个模具图案就是花团锦簇，中间是月宫里的嫦娥和玉兔，花环围绕着玉兔和嫦娥，感觉是一件很美好的事情。

一会儿我们要举行拜月仪式，请孙老师讲讲为什么要拜月，这个习俗怎么来的?

孙　可：关于拜月的故事，今天是月光菩萨的生日，要拜月光菩萨。民间会拜嫦娥，传说在人间发生瘟疫的时候，嫦娥就派玉兔把月宫里的仙药带到人间，所以人们会拜月祈求身体健康、长寿。老北京有拜玉兔、兔爷的文化，尤其是家中有小孩子的，会请兔爷保平安。

月亮和财富也是有关系的。月亮是个财库，因为它代表阴性，阴为水，水招财。传说在月

圆这天把钱包打开，让月亮照着钱包就可以招财。北京有拜兔爷的习俗，尤其是小孩子要拜，因为兔爷守护的就是小朋友。拜后还要把兔爷摔碎了，第二年再拜一个新的，寓意把所有不好的东西都带走。

我们讲月光，它的光是柔光，照到了脸上人很美，所以拜月也代表祈求自己面容美丽。日主阳，月主阴，中国的拜月传统是男不拜月，所以主祭、摆供品都由女性来主持。拜月也代表祈求一个好的姻缘。

我们也用其他的物品来拜月：香，传递信息和香火；灯，灯就是智慧，可以扫去内心的恐惧；花，代表美好的姻缘；酒，因为所有的神仙都是喝酒的，拜月也用桂花酒；月饼，为什么供的月饼又多又大？是希望把功德和美好都分享给每个人。还要供衣服、桂花糕和菊花茶。

主持人：无论是求姻缘、求财富，还是求美貌的朋友，都可以参与到今天的拜月仪式里来。您可不可以从生活美学的角度，跟我们分享一下如何通过花来装点我们的生活？

孙　可：首先爱花是一种生活态度，有这种态度你会更热爱大自然、会观察。每一个城市有各自的典故和与花的姻缘。有花还会有赏花器，所以就有了家居、建筑、园林。另外，你的生活就像一朵花，现在菊花开，再过段时间水仙花又开了，你永远生活在美好里，所以我们供的花一定是盛放的花。

主持人：通过今天的对话，我们对插花有了一些了解，也希望今天的拜月仪式，可以让大家真正体会到中秋节日的意义。

主题：传统文化下的二次元碰撞

2017.10.5

嘉宾：空　藏　佟佳金蔓　于进江　　主持人：非　飞

空藏，历任 DDC 传媒编辑主编、漫域网市场部负责人、国家动漫产业网商务总监、《文化月刊》记者编辑、漫联网络部总监、二次元界运营总监、喵特商务副总裁。2017 年 8 月成立动漫营销类公司知漫堂。

佟佳金蔓，京城独立公关人。

于进江，于小菓品牌创始人，容与设计创始人，小罐茶联合创始人，灵山集团文化设计顾问，中国新锐艺术家。热衷于传统文化与艺术研究。从事商业视觉设计，长期致力于视觉设计在品牌传播与营销中的运用及实践，成功塑造了 E 人 E 本、8848 钛金手机、小罐茶、广誉远、燕之屋、灵山小镇 · 拈花湾等国内知名品牌的视觉设计。

主持人：今天我们的主题是中国传统文化下的二次元碰撞，我们请到了动漫领域的空藏和京城独立公关佟佟。

空　藏：大家好，我叫空藏。从事媒体工作12年，同时喜欢人文历史，十年来把赚到的钱都用在中国动漫资料档案收藏上面。比如，常见的《大闹天宫》《哪吒闹海》《雪孩子》《天书奇谭》的动画作品的原稿、台本，动画大师的手稿、信件，等等，这么多年来收集到的精品有将近2000件。我的理想是建一个中国传统动漫的资料馆。之前与一些地方政府、漫展主办合作，举办过很多风格比较独特的主题展，例如，刚才提到《哪吒闹海》，起的名字也很有意思，叫"想你时你在闹海"。这样的展览对80后、90后人群就很有吸引力。这次面对同属性的人群，"于进江古代点心模具艺术展"也是让很多年轻人震撼。1号我首次来看展览，最吸引我的——首先是模具本身，二是展览形式并非常规，很新颖。

十年前，我的家在798对面，在这附近住过两年，所以说对798有很深的印象。这里是北京艺术文化的地标。那时候看了大量的展会，可以说咱们这次展会，算是非常有创意的。创意在哪呢？就是咱们这个展览真正能面向青少年。因为我看到1号的时候来798的人特别多，基本上都是一家三口，或者是爷爷奶奶、姥姥姥爷带着小孩儿来，怎么吸引他们的注意？对于小朋友就是要抓住"新奇"这个点，你问小朋友这是什么东西，他的答案一定是花样百出的，这对他们来说就是个很好玩儿的事情，对于展览也会是很好的一次互动传播。

主持人：其实我们小时候的美术片，基本上都是国产的，都非常经典。但现在这些小孩儿，基本很难接触到这些国产优秀作品，那您一直研究这个，觉得这里边的问题在哪儿？

空　藏：像70后、80甚至90后，小时候还能见到那种印在八开纸上、四开纸上或一开纸的大幅的手绘年画。我记得是两毛钱一张，画幅很大的五六毛一张。逢年过节妈妈总带我去庙会，能看到灶王爷形象，招财进宝，或是家里有小孩儿，就会买大胖小子抱着金鱼，寓意年年有余。这种题材是很多的。90年代以后，你会发现这些东西渐渐都没了，甚至明码标价变成了收藏品。随着新时代的发展，传播的媒介变了，小朋友们接触动画的方式就变了。现在的小朋友可能三岁、四岁就抱着一个iPad、手机，独自闷头玩，我们小时候玩的那些传统的东西，滚铁圈、跳皮筋、连环画都消失不见了。

佟佳金蔓：这两年，传统文化在大众市场的曝光度还是挺高的，政府也在提倡和支持。现在的小孩儿，大多只能说出这个东西是干吗的，至于年代、故事、寓意什么的，不会清楚。近两年中秋的活动，经常会看到有手工做月饼的体验，但也只能是手工的体验，不能了解它本身的历史和文化，延伸不到更深的层次里去。

小碰撞，大发展
Small Collisions, Great Development

主持人：我知道于老师也创造了很多动漫形象，比如最早的魔力猫、卡飞兔，还有今天的福禄娃。这么多卡通形象，对卡通动漫领域，您是怎么理解的？

于进江：最初我们做魔力猫的时候，想做一个很现代、很时尚、和生活有关的卡通形象。但开始实施后，我们发现应当做一个属于中国的符号，属于当下中国人并能让中国孩子了解传统文化的一个代表作。这次模具展的福禄娃，我们也是出于这个动机。

如果你拿着展览中的模具问小朋友是干啥的，小朋友肯定要打问号，甚至很多大人都不知道。因为有些模具已经有上百年历史了，从明朝到现在为止跨越了500年了。有些模具造型，大家想象不到是一个古代点心的模具。设计福禄娃的形象，我们希望通过福禄娃让年轻人有一个记忆点，既源于古代模具中常见的葫芦造型，又饱含了福和禄的文化底蕴。另外大家也知道，本来动漫界的"葫芦娃"已经成为几代人的一个记忆，那我们要重塑一个现代人的记忆点，就想到接近葫芦娃，接近福禄，给现代年轻人新的认知。福禄娃的红色外观代表热情的中国，白色笑脸象征着快乐时尚的生活，它很有记忆点。这次邀请空藏来聊，我们也想听听动漫传播领域的人对福禄娃的点评。

空　藏：80后之后，涌上来的90后、95后，他们的关注点是什么？二次元、AGG文化、动漫、动画、游戏、轻小说，他们看的是这些。怎么引起他们的注意？他们的关注点在哪里？腾讯做了这么一件事儿，企鹅智库专门发布了95后消费行为的报告，统计出这类人群在各个领域的关注点与消费习惯。通过报告结果我们发现这个群体是愿意去博物馆的，对这个也是感兴趣的，但他们更重视其中一个关键点，那就是互动感、参与感。现在大家都喜欢互动性强、能参与进去的活动，他们很高兴成为其中的一分子。正如今天的福禄娃形象，因为它是立体的，包括肚子上的模具图案，每一个都是有讲究的，都有故事。

主持人：无论动漫还是模具，里边都暗含着优秀的传统文化，我们怎么在这个丰富的信息时代，很好地传承和发扬这些文化？

空　藏：国家重视这个事情，其实不止一次组织讨论过工业动漫行业怎么与非物质文化遗产相结合。最近文化部有相关的规划提到了，"十三五"期间动漫作品，影视作品，文学作品，插画、绘画作品如何与"一带一路"倡议相结合的问题。那么在这样的社会大环境下，拥有聪明才智的艺术家们，包括一些商业机构，他们就更有条件去深度思考这个问题。这个新时代，已经接受了新的艺术形式，找到了合适的结合点，拥有产品化思维，再加上良好的运营，成功的机会就会大。包括于先生这个展览，不能自己玩儿，一定要让它跨界，这样才能擦出更多的火花。

主持人：其实这次福禄娃形象的诞生过程也很神奇，也受到“跨界”思维的影响，想请于老师来讲一下创作过程中的故事。

于进江：仿佛一切都是天意，收集这么多模具是我创作的源泉。其实我说模具的世界仿佛就是中国神的世界，神灵、精灵的世界。甚至说你看乌龟也在造型模具当中，可谓造型千奇百怪，飞禽走兽都有。其实中国古人是把很多吉祥寓意和生活的理念都放在里头了，那我们就思考怎么呈现，选择一个能够解读平安如意、福禄长寿的造型。最终我们就选择了有着深厚寓意的葫芦造型创作了福禄娃，强化了视觉的记忆。我们希望用福禄娃的形象来解读中国民俗文化故事，既是传统的承载，也是古今的融合。

现在的国产动画片相比以前，为什么越来越缺少“中国味道”了呢？原因就是在整个剧本的创作过程中，对中国传统文化的理解不够深刻，没有办法抓取到更有意思的东西。收集这些模具，我觉得是向古人文化学习的过程。这里有个大的模具，是猴子和兔子的形象。这两块月饼是中秋节老辈送子孙的，要送一个异形的月饼。如果孩子今天得到很多不同猴子、兔子造型的月饼，就证明家里的人丁兴旺。他就跑到别人家里头炫耀，就像攒压岁钱一样，收到很多这样的点心礼物，这样就很有趣味性。包括八仙题材，其实八块是一组，这只是一部分，寓意寿比南山、福如东海。如果说用现在的二次元或者动漫题材去理解，当时古代人做得已经很可爱很卡通了，人物都很鲜活、生动。

空　藏：都有故事在，还有天然的剧本在里面。

于进江：所以我觉得这都是中国文化的宝藏，只是说可能很多中国人没有挖掘它没有看到它。这些东西其实每个都有它自己的典故，小马就代表马到成功，然后这其实是个钱币的造型，马和钱在一起，马上发财，它其实跟古人寓意财富是一样的。所以说对传统文化的理解，有的时候是有限的，甚至我们从博物馆里看到的也是有限的。我在收藏之前和农展馆的朋友聊天，国家博物馆收藏的点心模具可能才有800块。我们不同图案、不同造型、题材各异、几乎没有重复的模具，已经收藏了4000多块，其实已经是一个非常好的文化宝库。从创作人员角度来讲，应该从这里去吸取更多有价值的东西。我们希望将中国点心的一个个历史题材收集在一起，让更多人能看到。所以说为了让大家更好地理解这件事情，我们创造了福禄娃，通过这一个简单的形象，让孩子们开始产生兴趣。来看展览的孩子，肯定是先被它吸引了，然后再产生好奇看看内容，这个也是我们想引导大家进行思考的一种做法。

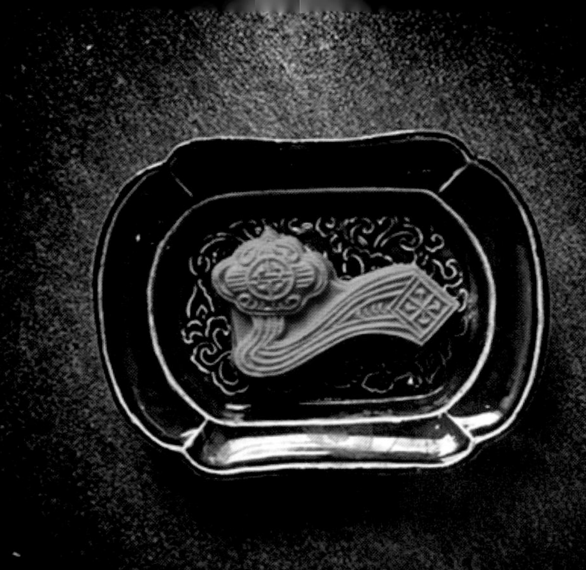

小碰撞，大发展
Small Collisions, Great Development

主持人：最近我们看到有不少的动漫电影，确实也很火爆，比如说《大圣归来》《大鱼海棠》，从研究动漫领域的角度，您是怎么看的？

空　藏：我是觉得终于有了我们当代的审美，属于我们这个时代的国产动画。之前我们提到《大圣归来》，会一下想起50多年前的《大闹天宫》。当时也有机会与《大圣归来》的导演探讨过，问过导演影片的源起。其实这部影片是有致敬的成分在，包括最开始的悟空跟哪吒打、跟李靖在天宫上打的那一段，都是在向老一辈的国产电影致敬，向中国传统文化致敬。而《大圣归来》及其宣发物料，都非常有中国风。再比如说《大鱼海棠》，几乎每两三天就会有一个新的物料出来，风格基本上以中国风为主，包括他们的背景用的都是水墨元素，看着非常唯美，一看就是中国的东西，但同时又拥有很现代的表现形式，让年轻的一代更接受、喜欢，一切很符合现代的定位。

于进江：通过这次展览我们发现，福禄娃人偶在门口，很多人主动要去与它合影，很亲切，很开心，以前我们看到很多人偶，孩子看到感觉不好看，甚至拒绝、害怕。而福禄娃一出现，瞬间就被孩子们围观抱住，而且孩子们会感觉很舒服。进场的时候，每位观众都可以得到一个福禄娃小玩偶，看完展览可能就更有感情，其实这给了我很大信心。原本认为，展览结束，可能历史价值就结束了。然而从开幕那一刻，我们觉得有必要让福禄娃继续存在下去，当时也给了它一个定位，或许它可以作为代表中国传统点心模具的形象，未来可以思考，让中国文化从这里走出来。

模具很有意思，它是可以无限复制的。为什么我们做100个娃娃？都是传统模具里复制出来的，这种复制和阵列就是文化的延续。有些文化，在复制的过程中起到传播和推广的作用。如果说要让一个外国人理解中国的点心和中国的文化，你应该做一个什么样造型的点心？中国人是会把葫芦当成一个很重要的载体，所以我说中国点心如果能打出一张福禄的牌，那就再适合不过了。而且葫芦又和我们聊的养生有关系，同时还和节气、神秘、法力、法宝有关系。比如《西游记》里边都是大葫芦，它有魔力和法力，中国60年代还有最早的动画片叫《宝葫芦的秘密》，包括最著名的动画片《葫芦兄弟》，其实这都是中国人对葫芦的一种情感。对于葫芦，古人的认知是福禄吉祥，但是有些现代人认为它是陈旧的、过时的。通过抽象的视觉设计，我们重新解读葫芦造型，用现代艺术语言打造了一个与众不同的福禄娃。

然后说到我们由此做了点心。点心有可能是中国的大市场，因为中式点心还没有太多人关注，那我觉得这个商业的市场，也需要同行更多人参与，这样它才有价值。不然你一个人玩儿，

你的数量有限、价值有限，只有大家一起玩儿，这个市场才繁荣起来，才做起来。其实我未来是希望集合更多的人，包括集合动漫的创作，集合插画，甚至集合很多的艺术创作，一起把福禄娃做得更好。像日本的《哆啦 A 梦》，他们也是邀请很多日本的艺术家，为它做一些主题的合作，共同推进一个文化的认知。

在福禄娃的胸前有九个不同造型的传统纹样，各自代表了美好吉祥、团圆幸福、好运快乐、健康等等。这些独具特色的纹样源自 4000 余块传统模具造型的不同典故，而且它没有详细的图案，充满神秘感。有可能每一种图案都是一种法力，点到它可能实现某种愿望。像《哆啦 A 梦》的肚子口袋，我觉得它完全可以创造出一个很好玩的动漫故事。

在开幕式上，杜总说选择这个事情的时候是希望我未来的十年放到这里边去。以前我们做了那么多商业的事情，我骨子里觉得能把自己对文化的理解和热爱更好地传递出去，如空藏所说，能把这些东西集合在一起，讲好这个故事，传递好这个文化，才是我们做这件事的一个最好的归宿，建立自己的数据库，然后让更多的年轻人知道。

主持人：我们以前所认识的传统文化确实跟我们距离有点远，也不容易接触，如果不是这次展览，很多人不可能看到这么多的模具。通过这次展览，确实给我们开创了一个新的模式，同时也让我们看到了新机会。对于传统文化，如果要通过二次元再增建一个命题，你们有些什么样的建议？

空　藏：拿喜羊羊来说，我们发现它的团队把这个形象与中国传统皮影相结合。可能因为小孩子喜欢，作为动漫行业的从业者就有义务把这些传统文化、非物质文化遗产结合进来，去研究它为什么受到人们的喜欢，它们被喜欢的点有哪些。我觉得福禄娃未来也有机会进课堂，北京就专门有这样的一些学校，会请社会上的艺术家、专家、教授在课堂上给孩子们讲我们古代传统的活字印刷等。从整个的社会层面来讲，这件事可以发挥出更强大的力量。

佟佳金蔓：我觉得这种形式就叫非遗再创造，完了就是二次元。二次元其实是一个元素，非遗也是一个元素。有可能因为我跨界的内容比较丰富，时尚界的这些，很多设计师，很多老师，马艳丽老师，包括在国际秀上的劳伦斯，都是拿传统的中国的记忆与当今时尚去碰撞，然后出来新的东西。于老师这次已经完成了二次元和非遗的一次碰撞了，其实还可以再做加法，让它与其他领域的文化去碰撞，再创造，这也是跨界的一种方式。

于进江：福禄娃是我们美好的一个传递，再过很多年，当我们再次对话，还是很有时代意义的。其实不管中国的动漫也好、文化也好，如果不借助现代的新的方式，没有用心的人去思考、收集和整理，可能再过段时间就找不到了，我们不希望传统文化就这样被慢慢遗忘掉，你我都有责任将它们传下去。

主持人：确实是这样，很庆幸我们有了一个与二次元世界的媒介，就是福禄娃。通过福禄娃，也通过这些专业的朋友，我们未来有很多的可能在二次元领域、动漫领域深挖一些事情。我觉得可以继续大力推广，让更多的年轻人参与进来，让更多人愿意自主地传播传统文化。

主题：藏家在文化传承中的贡献

2017.10.6

嘉宾：黄海涛　于进江　　主持人：非　飞

黄海涛，字孟玄，号开悟堂主人，河南杞县人。中华炎黄文化研究会砚文化发展联合会副会长，北京香文化促进会副秘书长，东方翰典文化博物馆馆长。传统文化生态建设学者，香文化、砚文化学者，曾受邀前往奥地利维也纳博物馆做访问学者，并游学英美日等国。

于进江，于小菓品牌创始人，容与设计创始人，小罐茶联合创始人，灵山集团文化设计顾问，中国新锐艺术家。热衷于传统文化与艺术研究。从事商业视觉设计，长期致力于视觉设计在品牌传播与营销中的运用及实践，成功塑造了E人E本、8848钛金手机、小罐茶、广誉远、燕之屋、灵山小镇·拈花湾等国内知名品牌的视觉设计。

主持人：黄老师您好，您本身也是收藏爱好者，可以介绍一下具体的收藏吗？

黄海涛：我的收藏分为两个系列，一个是历代的砚台，一个是历代的香炉。2004 年，我和朋友建立了郑州市第一家民办的博物馆，叫郑州市水木艺术馆。2014 年又创办了郑州市东方翰典文化博物馆。

主持人：您现在大概有多少藏品？为什么收藏这些东西呢？

黄海涛：我登记在册的砚台有 1000 多块，香炉有 600 多个。在真正大规模收藏之前，其实并没有做好思想准备。因为我是学历史的，对中国的老物件，涉猎过一些相关知识。在旅游当中，认识了砚台、香炉的种类，逐渐产生了兴趣。在喜好过程中，我发现它们从材料到造型再到纹饰，有很多故事，就开始收集研究，慢慢地就一发不可收了。

主持人：相比之下，黄老师是学历史的，于老师您是设计师，怎么会想到收集这些模具呢？

于进江：我们有相同点，我选择收藏也是无心插柳柳成荫。最早主要收集的是石刻，后来与一个点心客户合作，就开始研究和了解点心模具，发现图案千奇百怪，内容题材也特别多。所以不知不觉就收藏了 4000 多块不同历史时期、不同题材的模具。知道黄老师收集了很多的香具，今天带来这个题材的模具，也是想让黄老师解读模具里的图案是怎么一个状态，香炉有很多种，为什么用这样的香炉。

黄海涛：中国的香炉文化博大精深。在古代的时候，不同的场合，不同的事情，选择用不同的香和香具，进行有仪式感的活动。比如，我们弹琴时焚香，一定要用琴炉，而祭祀要用祭炉。模具里的这个炉，是供炉，又称祭炉，指祭祀用的香炉。拜月也会用祭祀的炉子。过去那种特定的场合，特定的环境，用特定的工具。这个设计得非常好，一边一个炉耳，双耳炉。这个炉也称为朝冠耳炉，插三炷香，拜月神，实际上也是表达对月亮的尊敬，也是一种情怀。

主持人： 无论是香炉还是模具，从收藏的藏品里，可以看到古人对生活是非常讲究、注重细节的。黄老师可以通过藏品，描绘一下古人的生活美学吗？

黄海涛： 通过这些老物件上的图案，可以感觉到古人的生活环境相对单纯，更利于专注把事情做到极致。中国是礼仪之邦，像每逢中秋节，已形成了祭月、团圆、猜灯谜这些礼仪文化。古代人做事情，克己复礼，言谈举止都要表现出规范，从而把需要传承的文化通过物件和礼仪表达出来，让后人继续传承这些关于礼仪、生活规范的信息。

这块模具，是古代的一个生活场景：一个书房，书房里的窗棂，插了一面小旗，旁边摆放了香炉，另一侧是围棋，表达了那时候的生活状态——琴棋书画，诗茶花香。这些元素浓缩在一个模具上，在生活中作为食品传递出去，是一种信息的转达，也是他自己生活状态的表达，使小模具里充满了大智慧。

于进江： 黄老师的收藏，非常注重明确的纪年、记款。收藏家需要给大家树立一个正确的引导，告诉大家真实的历史信息。

黄海涛： 其实搞收藏的，特别注重典型的事件，在哪个历史时间发生过什么重大的事件，然后有什么历史物证，这个非常重要。像这块为纪念抗战胜利而做的月饼模具，反映的是当时举国欢庆，帮助后人记录下这重要的历史时刻，传承下去。模具的材质是木质的，相对来说不如石头好保管，容易销毁和灭失，尤为珍贵。我认为它是一个重要的革命历史文物，除了是我们生活中的一个纪念物品，它表达的情怀，意义就更大了，上升到意识形态。

于进江：从我个人来讲，碰到它们是缘分，既是我无意中收藏到的东西，也是历史向我们展现的不为人知的一面。除此之外，这块大型二龙戏珠的模具，我查阅过史实资料，是二龙戏珠的经典形象，"戏珠"又谐音"喜珠"，多有富贵吉祥之意。外围祥云草图案，外框三角形图案，寓意着光芒万丈、同享喜庆。借这个机会让黄老师帮我们来鉴赏一下。

黄海涛：收藏的喜悦就是通过翻阅资料，让人探索未知，解开神秘而获得的。

从整个模具的雕刻艺术风格，造型体现的精细刀功看，是有很明显的艺术高度的。从具体的纹饰上讲，我觉得这个时间比较早，大家一般认为月饼不过是三五百年前的东西。模具上雕刻了两条龙的造型，而这个龙的造型是宋代的产物。在明代以后，龙的造型发生很大变化，较多的是长嘴巴、盘爪龙；到清代康熙时期，模具里这种龙的造型再次出现并流行；到乾隆时期，慢慢就统一成现在流行的龙的造型。

小碰撞，大发展
Small Collisions, Great Development

中华 5000 年文明传到今天，靠民俗，把有关的理念、制度、规矩口口相传，同时通过民间的日常生活用具，把行为规范传承下来。随着社会的发展，我们现在使用的很多物件，包括上面的造型、纹饰都有一个基本原则，传统工艺美术造型的原则，即图出必有意，有意必吉祥。这也是属于精神文明。所以说民俗文化，真是润物细无声地存在于我们的生活中。这次展览，让我很吃惊，这些模具看上去只是一块块木头，却承载了非常多的历史和文化信息。这次活动做得意义远大，给现代人做了一个解读，文化的传承可以透过一个个小小的模具展现出来。

主持人：这些模具的造型、图案、工艺承载了很多的信息，通过收藏，我们怎么让它在现代、在平常接触不到的生活中，去发挥它的社会价值呢？

黄海涛：这个问题实际上就点明了展览的主题。今天看到实物，我很震撼，脑子里有了很多新的想法。原来我们搞收藏，都是收起来、藏起来，不让看。这次展览的特点就是把过去传统收藏品和现代一些新的创意结合。这次展览给我做了一个很好的示范，怎么让一个个木头活起来、动起来，跟参观者有互动。这对传统博物馆是很好的启发，它的社会价值就展示出来了。

主持人：这次模具展通过一个卡通形象的方式表达，您对这种方式，有什么自己的看法？

黄海涛：这样的结合，是个非常好的创意。立足于传统，用现代人最容易接受的理念、符号表现出来，是一个聪明的选择。这种结合的理念，是跨越，又不是无中生有的跨越。我看到有很多的外国人也来看展，这个影响力就更大了，把当代艺术和传统习俗结合后，让中国的传统文化走出去。

我们博物馆提出了八字方针，叫“博藏、精研、教化、传承”。一定要让死的物件活起来，动起来。今天的活动让我眼前一亮，很有生命力，可以让更多的人产生共鸣，给我们这些传承和开发传统文化的人树立了榜样。把深度挖掘的文化表现出来，既要拥有国际视野，又要把当代艺术与传统艺术相结合，这样传统的文化理念才能良好地发展下去。

主持人：这些展品，于老师收藏了几千块，成本也很高。黄老师收藏一千多件不同的砚台和香炉，也肯定花费了很多的人力和财力。社会价值方面，您可以让更多的人看到它。经济价值方面，有没有考虑通过什么方式实现它的经济转化？

黄海涛：其实，国家文物局也发过文件关注这个问题，就是我们怎么活下去。我觉得，这次798于进江的模具展览树立了很好的榜样，围绕着吉祥物形象福禄娃，开发了很多衍生品、食品、明信片、石膏模具。现在国家的人力、财力还是会有一定的局限性，特别改革开放以来，突然有了一大批传统文化收藏者，在各自的领域，自发地保护传统文化。克勤克俭，只希望把老祖宗的好东西留给后人。其实逐渐地国家也开始重视起来，对民间收藏给予支持和保护，出台各种政策，希望充分发挥大家的积极性。现在民间收藏多出于情怀，所以进江把模具展览研究透，组织这次展览，在方方面面把它的文化价值全部挖掘出来，这确实值得很多大博物馆去效仿和学习。

于进江：如何能让你的藏品更丰富，并在未来继续支持你这样的一种兴趣？相比之下更幸运的是我一直在做商业设计，我看待这个收藏，觉得古代人给我们留下了这么好的文化基因、历史信息，从设计师的角度，我想把它们整理起来。有些图案，重要的一些历史书籍、博物馆里都没有了。我收集到它们，重新了解这些丰富的内容，挖掘它的商业价值，并且复刻一些产品，推广出去让更多的人知道。今年我们复刻了一款月饼，图案源自300年前的清代，里面有广寒宫、桂花树、玉兔和嫦娥，这种内容是现代月饼缺失的。现在月饼最多带几个文字，缺少美学价值。这种美学的挖掘很有意义，人们会愿意购买你的商品，愿意品尝特别研发的口味，让大家对传统文化产生热爱的同时追溯了情怀。这都是我对收藏的这些老模具加以利用的一个方法。

我们也希望展览结束后，把这些藏品整理规划好并记录成册，这也是我们的重要内容，希望让更多没有到现场来的人，也能更好地看到这些东西。这本书代表一次文化碰撞，一

次文化交流的声音，不同人的不同解读。今天偶遇来看展的外国友人，我与他交流了未来的想法，希望让福禄娃给中国的孩子讲解中国传统文化，讲解中国的点心历史和故事，变成有声绘本，与大家展示和交流。他听完很兴奋，希望能有机会一起合作。关于福禄娃的形象。我是从这4000多块模具中选择了一个葫芦造型的模具。对于葫芦，古人的认知是福禄吉祥，但是有些现代人却认为它是陈旧的，过时的。通过抽象的视觉设计，我把葫芦造型重新解读，用现代艺术语言打造了一个与众不同的"福禄娃"。红色外观代表热情的中国；白色笑脸象征着快乐时尚的生活。身上九个不同造型的传统纹样，也各自代表了美好吉祥、团圆幸福、好运快乐、健康……希望用当代艺术的方式打造的福禄娃，能够在突显传统内涵的同时，更能给现代人一个不同的视觉观感。

我个人觉得，这个展览不同于传统的文物展览，这次论坛是和外界交流沟通的一座桥梁。八天的展览我都会在这里与来访的客人、观众一起进行交流。我觉得这就是一次文化的碰撞和沟通，也让我越来越清楚做这件事情的使命感。不同人带来的声音，都会让自己学到更多的东西，从而有新的启发。

主持人：确实，本身做这次展览也是对收藏的一种启发，也是一个跟很多朋友交流学习的机会，大家互通有无。我们要精进的东西很多，黄老师提到的八字方针非常好，值得我们在整个研究上更好地学习和借鉴。

黄海涛：传承不光是物件的传承，更是理念与文化的传递。这次活动的传播非常好，让大众来看，并在现场解读，做论坛，编辑成册。把这些做好，就达到了传承的目的了。不是简简单单的保护，这才是真正的传承。

这次活动给我最大的感受就是看到这么多过去生活的点心模具，亲身参与进来，想到了很多的社会问题。由一个简单的小模具，可以上升到意识形态，体现了这个活动的高度。通过现代的艺术形式，展示了传统的艺术作品，不仅成功吸引了年轻人和小朋友，还产生了国际影响，这个宽度出来了。接下来进江想在这个基础上去开发食品，我非常支持，做一套古人食用的点心，同时开发出各种衍生品，深度就出来了。所以我觉得这个方向，也是值得我学习的，尝试多用新的思维观念，把中国收藏提升到更新的高度。

主持人：这些日子来过的朋友，不管是访谈嘉宾，还是现场观众，对我们也有很多启发。无论是在传统文化传承方面还是收藏领域，我觉得接下来还是有很多事情要做，特别是更专业、更标准化的内容，还是有很多地方需要去学习。希望以后还有更多的机会，像今天这样交流，让我们把这件事情做得更好。

主题：大国文化里的小产品

2017.10.7

嘉宾：聂凡鼎　周种林　于进江　　主持人：非　飞

聂凡鼎，九麦传媒集团董事长，艺窝疯创始人，著名文化营销、个人品牌管理、自媒体品牌咨询专家。

周种林，中式点心资深制作人。

于进江，于小菓品牌创始人，容与设计创始人，小罐茶联合创始人，灵山集团文化设计顾问，中国新锐艺术家。热衷于传统文化与艺术研究。从事商业视觉设计，长期致力于视觉设计在品牌传播与营销中的运用及实践，成功塑造了E人E本、8848钛金手机、小罐茶、广誉远、燕之屋、灵山小镇·拈花湾等国内知名品牌的视觉设计。

主持人：今天很高兴请到著名的 IP 架构师聂老师、中式点心资深制作人周总参与我们的论坛。聂老师是很专业的 IP 架构师，请您给大家普及一下 IP 到底是什么。

聂凡鼎：IP 的解释现在有很多版本，每个人的理解都不一样。可能市面上大家见得最多的，就是变形金刚之类的 IP。

IP 从狭义上讲是知识产权，各种智力创造，比如发明、外观设计、文学和艺术作品，以及在商业中使用的标志、名称、图像，都可被认为是某一个人或组织所拥有的知识产权。但目前 IP 在中国已经被泛化、广义化了。广义化之后的 IP 是什么？我给了一个定义，只要满足这四个层面的东西，无论是实体还是虚拟，都叫 IP。

第一，要有一个独立的价值观，独立的三观。
第二，要占据一个普世情感，比如说忠诚、正义、爱恨情愁、七宗罪等等。
第三，要有系列的表达内容，拍电视剧也好，视频节目也好，都是一个系统的表达。
第四，外形和风格。像哆啦 A 梦、葫芦娃，这些都拥有一个外形。
这四个层面，必须同时具备，才能叫 IP。

IP又分为萌芽期的IP、超级IP。怎么来衡量IP的势能大小？内容的兼容性，包括影响力指数，贴吧、各种搜索引擎指数、粉丝活跃度等。比如《速度与激情》拍了八集，它能够持续地在跨民族、跨国家、跨语言的世界范围流传，就是超级 IP。亚文化深度，就是社群的粉丝，被吸引过来是因为猎奇还是因为热爱。例如 papi 酱，她的粉丝量很大，但并没有自发地形成社群，只是感兴趣，过来听听。但有些人就会自发地形成部落，最高级的吸引是什么？就是信仰。

所以，是否人格化，有没有标志性的动作、标志性的梗、标志性的语言、标志性的状态，就是衡量 IP 势能大小的几个层面。

小碰撞，大发展
Small Collisions, Great Development

主持人：这种划分很学术。周总，知道您很早就从事点心行业，号称“桃酥大王”。“桃酥大王”可不可以算作是 IP？

周种林：我从事这个行业应该有 20 多年了，一直在做传统点心。今天进到展览馆的时候，很震撼。原来点心的文化如此博大精深，几块小小的模具，每块模具都代表着很深的含义，蕴含着深刻的文化。点心文化是传统文化的一个重要的组成部分，几千年的点心文化，也要通过实践、通过产品来呈现给中国的大众。现在我更注重的是口感、食材，结合健康、养生的理念，通过不同的表达方式、原材料、文案和主题去诠释点心的概念，并经过数十次的试验，不断去调试食材、口感，做到精益求精。

于进江：我们一直在思考，如何能看到传统中式点心的精髓？后来我们开始从各个途径去寻找这些模具，发现点心的内容包罗万象，题材也十分丰富，甚至点心本身就承载了中国文化中的故事，形成了自己的 IP。比如说嫦娥奔月，这是中国人都知道的 IP；还有南极仙翁祝寿，就是中国传统故事里有的；还有和庆典有关的、考上状元的、加官晋爵的……这些都是和传统文化息息相关的。有的时候会觉得这个题材和现代的生活陌生了、疏远了，但其实它们一直都存在，而且每个时期也赋予不同的历史含义。比如这个模具里的“忠”字，是“文革”期间的，里边有楼房，以前兔子捣药的图案变成一颗红心，这就是一个历史印记。它背后的故事，雕刻它的人为什么要雕刻、在什么样的历史形态下雕刻，就像是一个剧本，很有意思。这也是点心师傅要顺应时代的一种改变。

又比如现在大家都说的五仁，其实很早就有了，也是一直流传下来的传统口感的月饼。所以真的希望能够通过点心制作和传承，思考如何复制和复活这些模具的内容。把每个模具都研发出点心，那么它们应该是什么口味？带花的做成鲜花口味，做成喜饼，里边可能有花生、莲子、红枣。从IP角度，考上状元，类似升官发财、马到成功，沿着这些思考，做出有特色的东西。

聂凡鼎：结合IP的四个层面。第一，它有一个价值观，倡导什么是好的生活，长寿的、奋进学习的等等。第二，它具有一个普世情感，考取功名，积极向上，为国庆功。三观、普世元素也有了，把它做成IP，就想第三个层面，它如何来进行系列化的内容表达？几千块模具，就是系列内容的准备。今天用展览呈现出来，其实是因为准备了3年时间，走了10万公里。每一个模具都应该能够去做内容化的表达。第四个层面，有一个非常鲜明的风格。木刻是风格，也可能将来会变成金属，变成其他可联想的衍生品。

主持人：现在这些模具，已经具备了形成IP的元素，那我们如何让它产生IP？产生一个更加具象的东西？这次展览创造了一个福禄娃的形象，它的灵感来源于模具里边一个比较常见的葫芦造型，有很深的寓意，于老师给我们解读一下。

于进江：中国人一直认为葫芦代表福和禄，代表着一个人的幸运。但其实葫芦造型，除了中国人，外国人很少拿来做文章。所以我觉得它本身很有东方情韵和中国人的特点。而且葫芦又和我们的饮食生活有关系。比如说孙悟空吃的仙丹是在葫芦里放着的。葫芦里卖的什么药呢？这是很幽默的一种解读，可以装载很多动作和内容。从葫芦变成福禄娃，我们希望它能承载中国人最美好的祝福与祝愿，让生活更美好。

福禄娃身上的九个图案也源自传统的造型，有石榴、寿桃、银锭、扇子等，是传统文化中祝福吉祥的符号。九呢，代表着长长久久。颜色是中国人比较喜欢的传统中国红，因此娃娃就由红和白两个颜色构成，没有多余的元素，更干净、更直接。

我在策展时想，如果只是把模具放在那儿，可能很少有观众能够那么仔细地看，一看是老古董，就没兴趣看了。所以我们想用最简单的方式，最符合年轻人的概念。仿佛是一个小课堂，100张桌子，每张桌子上放着一个模具，100个福禄娃守护和讲解着各自对应的模具。一个好友给我留言，说这个展览是个很有温度的展览，让人觉得很温暖。孩子过来，都很开心地跟它合影、交流。其实，我们也想把它塑造成一个中式生活的IP。展览只是一个开始，未来的路希望走得更长远一点。也想跟聂老师一起来学习和交流，怎么把它做得更好！

聂凡鼎： 首先它的状态，已经和我们的老器具产生了很大的差别。今天展览很多的创新，都代表了一种年轻态，通过这些可以看到源远流长的模具文化。从把它塑造成 IP 的执行路径来讲，其实它已经有了价值观了。它承载了热爱传统文化的人一起来凝聚的心愿，也代表着祈福文化，中国人独有的天人合一的智慧，对自然、民族、家庭和谐的感悟。

同时，还有具象的一些分支体现。其实好的 IP 一定不是激发浅层次的情绪的，而是激发潜意识的，甚至是集体意识的层面。让人看完之后内心特别地被打动，久久不能释怀的，就是好的 IP。老文明在当下甚至未来如何发声？首先要植入今天的生活场景，打造自己的专属符号，进行场景化的表达。把它放到商场，比如说放在饮食区，模具的出现是恰逢其时的，所有的游客、粉丝来都知道，这个地方代表了什么。

于进江： 我们现在也是让福禄娃担负起了这个使命，我们看到很多动漫题材都是充满暴力与宣泄，而福禄娃象征着和平与祝福，未来我们会给它注入更多阳光的、积极向上的属性来传递正能量。中国是礼仪之邦，中国文化里面最典型的就是礼尚往来。礼尚往来送什么呢？过去古人最核心的内容就是送你一份点心——点点心意。比如说中秋节不登门送月饼，这节就不算真的过了。月饼既是食物，也是一种礼仪的方式。

这块大型月饼模具，产于清代，图案精妙。华丽的月宫里，神仙正在拜月，一旁的玉兔在捣长生不老药，寓意健康长寿、生活美好、幸福安康。送这块月饼给对方，一定是表达了自己对美好生活的向往。

小朋友来到这个展览，不管看没看到模具，先对福禄娃很好奇，跑过去合影、聊天，家长会给他讲这个是什么。这就是一个潜移默化教化的过程。这种用快乐的方式进行中国文化的教育，远远好过枯燥地背一首诗。这样做可能更有亲和力，孩子们也更愿意去接受。

主持人：日本的《深夜食堂》，阐述了日本的餐饮状态，也构建了一个很有意义的IP。东方人对食物的理解，确实和西方有很大差别。中国人说民以食为天，吃对我们来说绝对是很重要的。聂老师有没有想法，围绕着饮食、点心领域做相关的IP规划呢?

聂凡鼎：1997年我在中文系学过古汉语、古代文学，又稍微练了点书法。后来我对甲骨文特别感兴趣，原因是它像画一样。原始先民都是在画画，包括欧洲早年也不是拼音文字，通通是视觉符号。我想既然甲骨文现在已经被束之高阁，被老教授去研究，那么它能不能拿到当下，结合我们的食物，结合孩子的教育，把甲骨文里边跟吃的有关的一些符号拿出来，做成点心?开始从小朋友的点心入手，传统饼干太基础了，没有中国特色。做一个甲骨文的，今天你吃一口这个东西，是条鱼、是头大象，很漂亮，再吃个小太阳吧，这又成了教育产品。这在于你能抽离出来，要有趣味性、当下性，让消费者觉得花钱很值。这是一个视角，用这样的想法去做点心。

主持人：讲到吃，和我们中国人关系特别大。在食品领域，当我们提到中式点心这个词的时候会有点陌生，我们能看到、想到的点心店全是西式的，或者说能想到的品牌都是西式的。这次展览也可能是一个契机，那我们就更深入地聊一下传统文化跟中式点心的嫁接。

福禄娃，我们赋予了它更年轻的形象。我们将食品介入传统文化的同时，可能需要介入对大众生活场景的连接，因为场景跟人的关系最近。我们比较疑惑的是，中式点心跟其他的蛋糕房的产品具体区别在哪？

周种林：我们现在不缺一些地域性的、某个地区的点心代表。那能不能有真正意义上代表全中国的、大家都熟知的中式点心品牌呢？能不能有一个让外国人记得住的中式点心的品牌、文化礼品手信，代表中国文化冲出国门？所以最初我的动力就在这里，我想做一款真正属于中国人又让人喜欢的中式点心的品牌，不管从品牌的形象也好，产品的结构也好。很多人提出要复兴传统文化，他们只是写出来、叫出来，很少真正去做。

这一次的模具展览，更加坚定了我的信心。我更有信心通过这样一个品牌，通过于总展览文化的植入，真正做成属于中国人的点心。

中式点心和西式点心外在的区分是口感、用材。西式点心更多用的是奶油，而且吃到嘴里的那种味道，真的是一种很香的味道，说白了这里边肯定有香精的成分等。中式点心的口感是很纯的，我们做出来的桃酥，就是面粉、糖、鸡蛋，没有任何辅助的添加剂。西式的我不敢说不健康，但我们中式点心一定更健康。

再谈到文化的根基，我们中式文化的根基非常深。西式点心在我看来是舶来品，比如现在你要想做多么漂亮的面包，非常容易，你背着相机走一次全世界，什么都有了。可是中式点心，没有几年的沉淀，没有团队、财力、物力的支撑，传承是不可能的。

主持人：从这几年的研究来看，于老师您觉得中式点心和西式点心的差别在哪？我们是不是通过传统文化可以让它复兴？还是说我们需要一些别的途径？

于进江：我觉得中式点心和西式点心最大的差别是在食材上。中式的选材偏自然一些，依循中国传统的二十四节气，不同季节、不同时间产生的农作物来做不同的点心。今年中秋，我们做的这款团圆月饼，外皮就选择了桃山皮。这个大型月饼直径 20cm、厚度 2.5cm，其实也是行业的一个挑战，很少有人做那么大的造型并且使用桃山皮。为什么做一款大月饼？因为在过去中秋团圆的时候，习惯一家人共同分享一块月饼，讲究的是其乐融融，幸福圆满。

但我就觉得中式点心需要有一种学习的精神，把日本做菓子的优秀方式放到我们这里边来。烘烤月饼和桃山皮的月饼还是不一样：烘烤会让人觉得焦黄，图案不那么精美了，而桃山

皮会让人觉得细腻。有些人说我们的月饼像象牙雕刻一样，像工艺品。这样我们就既能够把中式点心的传统效果展示出来，又借鉴了同行业国际文化口味的内容。

这种小小的点心，一部分复原它传统点心的口味、风味。另外，是不是可以用巧克力这类现在年轻人偏爱的西式口味，结合把它完成？西为中用，我们在传递中式点心美学的同时也要让更多人愿意自主地去喜欢它，食用它。

中式点心最早还是手工作坊，量是有限的，一件东西想要个十几万件，是很难做到的。大家熟悉的京八件，必须有点手工的状态在里头，很难形成工业化生产，面临着很多无法工业化、量产的过程。这些好的产品，如何和现代化的工业产品的加工和技术进行融合，是一个很大的问题。

我觉得，在口感上，通过国际认知来判定一种好吃的东西，可以作为中式点心创新的突破口。不必拘泥一定复古到传统的口味、传统的内容，因为毕竟喜欢的人不是太多。我们希望能激发起现代人对它的研究，可能到时候，就会有人说了，我就想吃一个纯正复古的点心，这时我们才有机会为这样的人提供更好的服务。不然的话，你现在做了一个原本大家不太喜欢的传统口味，商业会无情地冲击我们的梦想。梦想一定要基于现实生活才有价值。不然未来我们做出那些东西，像这些模具，不加以利用最终还是会放到博物馆里，跟我们的生活没有关系。

小碰撞，大发展
Small Collisions, Great Development

主持人：聂老师能否从互联网的角度谈一谈，怎么让中式点心这个产业，突破现有的局限，产生更大的可能性？

聂凡鼎：2015 年我给林肯做了一个方案。因为对林肯的刻板印象，就是加长版。这次林肯出了几款新的 SUV，想通过这款车来表达与中国的消费升级、中国复兴大时代背景的融合。当时我们提了两个方案，第一个方案，选出来二十四辆白色的林肯车，让我们的艺术家把中国的二十四节气，通过比较新的手法，手绘到车上。这就是二十四辆车和二十四节气的结合。这二十四辆车很壮观，然后媒体会自发地跟踪，好品牌永远都是吸引别人自发地过来。

我们创新的时候、做一个动作的时候，会先想到一个途径。别人看到之后，会有一个瞬间，非常本能地拿手机拍一下。如果这个意愿很明显，你拿这个事情再做思考。拍完去发朋友圈，有料、有趣、有故事，内容能不能在互联网上引起疯狂的转发。

我举个例子，中国文明怎么能够被别人喜欢。如果说一副眼镜，很小的地方有一个青花瓷，或者有一些其他的文化元素，消费者认为很酷。这个逻辑很简单，你要提取元素。老工业看着那么沉重，孩子不听讲故事，但如果能够跟他从小的学习，比如说语文课上学到唐诗、宋词里边的小段子连接上，它就会有天然的脉络，具有去炫耀、去传播的可能性。

主持人：其实，不管是西式的蛋糕，还是中式的传统点心，都要从互联网的角度去看。点心作为传统食品的一部分，文化博大精深。看到市场上与西式点心的差距，我们未来可成长的空间和机会也是巨大的。我相信，在未来几年，我们可以打造出一个代表中国点心文化的国民品牌。

◀ 我们收藏的全国仅见的唐代陶制月饼

主题：中式点心的机遇

2017.10.8

嘉宾：王　光　赵法忠　周种林　于进江　　主持人：非　飞

王光，2008 年进入奥组委，担任前仪式部、开闭幕式组织工作。北京青年影展副秘书长，美国天下卫视前台长，电视剧监制，时装秀出品人。2005 接触并加入到“国际狮子会”，做公益志愿服务 12 年。

赵法忠，中国食品报社信息中心副主任，中国食品安全舆情网执行主编。

周种林，中式点心资深制作人。

于进江，于小菓品牌创始人，容与设计创始人，小罐茶联合创始人，灵山集团文化设计顾问，中国新锐艺术家。热衷于传统文化与艺术研究。从事商业视觉设计，长期致力于视觉设计在品牌传播与营销中的运用及实践，成功塑造了 E 人 E 本、8848 钛金手机、小罐茶、广誉远、燕之屋、灵山小镇 · 拈花湾等国内知名品牌的视觉设计。

主持人：纵观中国现在的食品行业，特别是中式点心，到底处于什么样的状态？我们请中国食品报社信息中心的赵法忠副主任与我们分析探讨一下。

赵法忠：现在大家热议的就是中式点心和西式点心之间的竞争如何激烈。从线下店面这个角度去看中西式点心的竞争在很多城市都表现得更强烈。但从电商角度去看，中式点心并没有很多。所以我们一定要从多角度去看，我们的中式点心，现在应该处于发展的一个瓶颈期，从 2000 年，我们国家入世之后，西方很多的商品，包括食品，对我国传统的产业都形成了冲击。当然点心在食品行业里是很重要的一个内容，它的发展很多都传承着文化精神。

在十几年入世的冲击下，我们的生活习惯也发生着改变。70 后以上的人群对传统的点心还是喜欢的，不管从口味上还是表现形式上。但我发现 80 后、90 后的年轻人，他们的消费观念不一样了，喜欢的口味，可能跟 70 后有很大的差异。所以生活习惯的改变是必然的。从我的理解上，这是一次机会，也是一次挑战，是一次重新洗牌，一个新的格局正在形成。

现在还有个利好的消息，就是国家的“一带一路”倡议。这是我们国家倡导发起的，我们又是消费大国，我们的优秀产品，特别是具有文化气息的优质食品，要在“一带一路”的倡导下发展起来。我们提出共享成果，然后共赢机遇，就是挑战也是一样的，我们共同面对挑战。我们传统上的好东西，肯定会在世界领域有一个新的发展和好的趋势。

小碰撞，大发展
Small Collisions, Great Development

主持人：在“一带一路”的大形势下，中式点心有没有发展的机会？王光您对这个形势怎么看？

王　光：点心的市场，从媒体到广告再到资本，现在大家都很兴奋，所有兴奋的点燃，我觉得都不是偶然的。

中式和西式点心不会形成对立。点心本身一定是奢侈品，是文化的一个复苏品。我们现在到一些欧洲国家买东西，一定会有一个讲中文的导购陪伴你，因为你有很强的购买力。当中国强大的时候，我们就有能力输出文化。

文化，它的内容是什么？好吃不好吃，这个时候变得不重要了，带回来很重要。而“一带一路”，在我们有能力走出去的时候，就是中华文明和文化对世界产生影响的时候。我个人觉得，大的时代才刚刚开始，不是有没有影响力的问题，而是你有多大能力去做。

今天我们看以孔子为核心的儒家文化，影响东南亚，影响所有华人社会。我们看传统文化，曾经有割裂的，不是那么畅通。但你到香港、台湾地区，到欧洲所有的唐人街去看的时候，它就是我的，是属于我基因属性里生生不息的东西。所以在这个生命力的状态下和我们对于未来市场的思考中，我个人是充满信心的。我们也看到了欣欣向荣的走向，这种走向并不是从业人员自己的冲动和激动，更多的是全体市场、全体国民的事情。

主持人：我们的点心在“一带一路”形势下也面临着机会和挑战，作为食品行业中的从业者，周总觉得可以从哪些方面提高和改进？

周种林：我从一个从业者的角度、机会的角度来谈这个话题。可以肯定，我已经真正从事中式点心的行业了，我认为是百分之百有机会。目前大的行业叫点心行业，其中会有细分市场。目前大家所有的思想认识，总把它叫作西式点心和中式点心，其实这个定义是很浅的，不代表任何对点心含义的更深层次的理解。比如西式点心没有面包房，我们现在国内的大品牌、区域品牌，还有国际的，都到了中国这边。在我们看来，叫西式点心，但实际上它里边有中式点心。

主持人：讲到数据，赵老师可以从具体产业的角度分享一下，您觉得中式点心现在市场依然很大，这些数据怎么来的?

赵法忠：中国有中国食品协会，食品协会里面还有点心协会，他们每年都是要公布数据的。从 2017 年目前掌握的数据来看，在大城市排行比较靠前的是西式点心，它的销售额、产量占比比较大。但从二三线城市来看，还是中式点心份额最大。像我们出差，去全国各地，都会发现很多很好的当地特产，是咱们民族的东西。

这次中秋节，统计的数据，月饼里边销量最大的，还是我们传统的五仁。而五仁里边又加了肉松，也开发出来二三十种关于五仁的馅料。

王　光：我们谈到点心，都是开心幸福的时刻。当你刚懂事，吃的第一块糖、第一块蛋糕，儿时的记忆和人，决定了你的口味，这是任何力量都改变不了的。当我第一次喝可口可乐的时候，第一次吃巧克力的时候，没觉得那么甜美，吃的过程中慢慢地接受了它精美的包装、口味的高贵性、产品背后的故事。你消费了它的故事，但口味本身，我们中华民族这类人群的味蕾、口味，曾经建立的基因符号，是不会改变的。所以如果基因符号不改变，我相信它也不会消亡。

周种林：普通百姓知道西式点心可能通过是面包房的代表。那中式点心目前真正叫得出名字的，如果说全国性的，一家都没有。但区域性的肯定有，像北京稻香村，但其实它没有像西式面包房走得那么远。十多年西式点心的侵袭，逐渐把中国市场变成了饱和状态。

中式点心，目前是个转变期。如何转变? 我通常说，西式点心面包房的市场，市场给了他们十年的时间。截至今天，中式点心真的还没有一个家喻户晓的国内大品牌。

王　光：今天看到的以进江为核心的文化团队，又进入了一个非常重要的阶段。我们经常看到日本、韩国以及中国台湾、香港等地区的点心等等。尤其是日本，我没看到日本有什么特别的口味，就是一张花纸、一个包装盒。台湾大量的文化人，也进入到点心行业里边来。今天这个时代，有了资本、从业人员自觉的基础，技术与东西方文化的融合，尤其是有设计能力的文化人自觉的进入，用设计、文化、创意，弥补过去粗放型的发展，将会共同打造中国点心的新时代。

主持人：这次展览也是依托于传统点心模具，依托于中国传统点心的文化，不知道王光您从艺术角度对展览是怎么理解的？

王　光：我想起毛主席有一篇伟大的文章，他说长征是宣言书、是宣传队、是播种机，我个人看来这三个词是非常重要的。我们这次关注到点心，以点心进入 798 艺术区，在这样一个有影响力的标志性领域，做这样一个持续性的展览，探讨这样一个连续不断的话题。我觉得此刻是代表了中国食品行业的从业人员和中国文化人的一种自觉。它将成为一个宣言书，从这一刻开始，从这一个展览开始。

我们看新文化运动各方面也要有那么一群人，也要有个伟大的事件，也要诞生一个宣言。那我们此刻关注点心，随着媒体直播，连续不断的二次传播，会形成一种口碑式的宣传，这种宣传是逐渐放大的，将为下一个时代播下一颗种子，这颗种子就会成为一片森林。

用这样的一种表达方式，用这样一种行为艺术，我们一下子接受了看起来很远很古老的东西，觉得温暖，觉得亲切，呼唤起我们很多记忆，也对未来充满期许。文化自觉，是建立在文化自信之上。

周种林：中式点心让我们真的看到了希望，特别是站在一线经营的角度去看，这次展览让我重新认识了中式点心的深刻文化。

赵法忠：中国的文化比较含蓄，相对比较保守，它是固化式的发展，一步一个脚印，这跟农耕文明有关系。不像欧洲、日本，他们发展靠的是一种共享。我认为现代很多产业，特别是食品行业，不说它是一盘散沙，但确实没有拳头。没有拳头，整个行业不会发展，不会强大，这需要有机的整合。

于进江：最初走访了各地区众多特色点心老店，传统风俗博物馆，搜集、整理、研究了中式点心文化资料，前前后后收集了4000余块模具，涉及从南到北的十多个省，把南北的文化理念放在一起。这让我越来越觉得有使命感。点心模具是古代人留下的艺术作品，同时也是在解读中国的设计历史、文化历史，大家都有责任把它们继续传承下去。

中国不同区域，大家对点心文化的一种视觉上的解读，就是制作模具。就像北方人吃饺子，南方人可能吃其他东西，年夜饭都有区别。但唯独，我发现点心是很古老的，一直在我们基因当中的。有些点心，仿佛可以跨越大江南北，可以跨越时空，一直存在。但我在研究的时候也发现，现在的时代，其实叫视觉性时代，我们看文字少了，所以了解历史，也是通过视觉化的方式来实现。

我们发现中式点心和西点最大的差异就是西点特别重视视觉包装。一个普通的巧克力，但是外包装盒做得很漂亮，非常精致。日式点心更是这样，用很多精细的手法来体现日式点心的唯美，从颜色到内容，并且包装得很有仪式感。很多去日本的人，都会拿一份小点心作为旅游的小手信，这个市场容量是很庞大的。

小碰撞，大发展
Small Collisions, Great Development

在中国的点心市场里，中秋月饼销量占比很大，但通病是外形不够精美，很多只在表面印着五仁、豆沙、莲蓉几个文字就完了。当我去搜集月饼模具时，发现古代的月饼是很精美的，也有着很好的故事。

比如这款清代嘉庆时期的模具，它描绘的故事是在月中的广寒宫旁，长满了桂花树，四周祥云缭绕，正是月圆，嫦娥与玉兔正在为天神捣药，玉兔拿着玉杵捣成蛤蟆丸，服用此药丸可以长生不老，寓意着吃到的人能够健康长寿。此番景象正是世人渴望美好团圆，渴望幸福生活的情感写照。后来每到中秋，人们就会去吃这样一块大月饼，与家人共享。

但是现在，我发现这种点心文化在慢慢消失，很多孩子对于为什么吃点心，以及点心背后的故事都是不知道的。大家都知道中国二十四节气，但是大部分中国人已经不会在某个节气寻找相应的应季食材做点心，对不同食材的搭配，养生药理，背后的文化内涵就知道得更少了。

我们分析中国传统文化的时候，发现我们既有节令，也有祝福，还有一些我们对美好食物赋予的寓意，其实往往这些东西，都能从一块点心上得到很好的实现。

我相信很多中国人都没吃过葫芦型的月饼，我们的印象中月饼都是圆的，为什么要吃葫芦型的月饼呢？在中国文化中，“葫芦”与“福禄”音同，是富贵的象征，寓意长寿吉祥。同时葫芦藤蔓绵延，结子繁盛，又被视为祈求多子多福的吉祥物。

这次展览我们用葫芦造型延展了一个概念，于是就有了福禄娃，希望这个葫芦造型的小娃娃能肩负起传递中国传统文化的使命。它身上的九个图案都源自中国传统的点心，我们从收集来的模具里面找出九个图案，有石榴、寿桃、银锭、扇子等。它们是传统文化中祝福吉祥的符号。

做这个展览，我是希望年轻人能更多地了解它，这是个开始，但怎样开始？不是一个人的作为，而是通过这次展览，呼吁全中国的中式点心从业者，共同思考中式点心能不能做得更漂亮、更有寓意。其实我认为这个目的如果能达到，这个展览我们付出多大的努力都很值得，因为你带动了一个民族的文化思考。

其实艺术是什么？艺术就是让大家开始反思自己的文化，开始去觉醒我们的文化，这样你的艺术表达，就有了当代性。

小碰撞，大发展
Small Collisions, Great Development

也许因为自己是设计师，我会关心到很多和设计有关的东西，这些模具，都蕴含了很好的设计理念，做点心的时候，一翻开模具就脱模了，这就是智慧。模具的应用加快了操作的过程，节省了成本，又提高了工作效率，同时看着也挺美观。

这有一块乌龟形态的模具，它的背面把长寿的元素融入其中，这就是典型的福建地区的模具。我其实也很好奇，这个乌龟造型到底做的是什么点心？应该是什么味道？我在想，其实这些都是一个时代的使命，我们有机会能把它找到，但怎样依据中国人的节气、礼仪，把它复原到很好的口味、把它包装好，是需要好好思考的。

我们常说西方的点心做得漂亮，做得好看，当你看到清代的点心盒，会觉得它一样很美。你到别人家里做客，吃到主人给你端上来他自己做的点心的时候，尤其用这个食盒端上来，每一个人都会觉得它是有很强的仪式感，能够体现主人的身份和地位。所以说古人在点心制作上是非常用心的，是中国文化的一次极致体现。没有任何东西能做到如此优雅、如此有故事，又如此有仪式感。

诸如此类的收藏还有很多，内容题材也非常丰富。如何把它们复活，让人们尝到它的味道，成了我的历史使命。收集这么多的模具，不是锁在库房里秘不示人的，一定要让更多人看到它的图案，了解它的故事，激发新的想法，研发出新的口味。

赵法忠：任何企业的发展，首先要做到市场定位明确，食品也不例外。在国家“一带一路”的倡议下，在消费升级的形势下，点心应如何定位自己，寻求突破口，在竞争的红海中寻找一块蓝海。其次，是要做到诚信，入口的产品安全是第一位的。最后是要做有品质的产品，满足日益挑剔的消费者的需求。

周种林：目前整个转变已经在这儿了，包括产品的品相、味道，保证食材的健康，这是我比较注重的。我们的生产特别重视原材料，多用一些纯天然的东西。目前中国资源很广，比如说坚果、鲜花、蔬菜。包括我跟于总也合作了四五年，他也给我一些建议和指导，所以我们现在一直在追求，尽量用植物调颜色。

王　光：小时候，我们可能都经历过，去看长辈的时候，父母说长辈给你点心，不能吃，不能伸手去抓，所以我们就会蠢蠢欲动。刚才我看到盒子，就想起了那时候的情景。点心有的时候不是给你吃的，是礼仪。这种心情也是当代的，它都上升到了哲学层面。我想任何事情一定要从自然法则到必然法则，我们探究到必然法则的时候，我认为点心的属性不仅是管饱了，它上升到意识形态，上升到礼的层面，它是生活中不可或缺的。

看到这个葫芦，想起我在云南考察，很多的少数民族认为自己是从葫芦中出来的，葫芦是他们的祖先，所以它也象征对自己出生、对自己生命起源的一种认识。因为很多妈妈怀孕的时候，那个肚子就像葫芦一样，既是福禄的好意头，又有人文的寓意。

主持人：那么当中式点心的机遇来了，我们面临着西式点心强势地进入到我们的主流生活，另外还有我们对传统文化的挖掘，我们走哪条路，才真能把中式点心做出来?

赵法忠：所有的中式点心，对外展示需要精心准备和策划，这是很关键的。稻香村是品牌，但这个品牌，也并不能影响到大江南北。但是日本的巧克力“白色恋人”，全球都知道，所以它背后一定要有浓重的文化色彩。因为本身它就有故事性，一个月饼，一个桃酥，背后都有很多的故事，怎么把民族的故事宣扬出来，然后加上现代市场认可的内容。

王　光：我想了很多，用几个词语来表达一下我的感受。到中国餐厅我们永远看到酱油、醋、蒜等佐料。但到法国餐厅的时候，你要敢往餐食里多加一滴东西，这个大厨会从后厨出来跟你过不去。法国厨师就把他的餐品当作是艺术，很自信。我们中餐总得要加点东西，吃水饺得加点佐料。到比利时，每年到圣诞节的时候国王宴会，都会请很多艺术家，而里面有大厨，大厨就是艺术家。

那么今天去看做食品，所有制作食品的过程，站在礼的层面上，就是以艺术之名。所以我觉得很荣耀和高尚，所以要自信。刚才谈到巧克力、马卡龙，谈到日本点心，我内心当中，美是特别重要的，透过美感，达到美的享乐，这才叫生活水平的提高。在美的基础上，人类文明生生不息，靠什么? 靠故事。

从嫦娥到玉兔，到桂花酒，到吴刚砍树，到后羿射日等等，我们围绕着八月十五以嫦娥为核心演变的故事，才能让所有的月饼点心文化永远传扬。那么我们如何基于现在的东西，像马卡龙一样，用 40 年时间创造一个故事?

我们如何讲好中国故事? 在某种意义上来说，选取中国典型故事，增强传播效果，最终构建与中国故事相联系的话语体系。

于进江：中国的文化自信，我在收集模具的时候很有感触。在收集之前，我也认为中国人古代吃的东西很简单，拿个戳儿盖一盖，面团揉一揉就可以了。我收集完之后去思考，古代人用这样雕刻精美的模具，其实就是在富足生活的基础上，超越普通食物满足之外的精神追求。古代的百姓，可能吃一个馍馍就可以了，他不需要什么花纹也不需要什么图案，但富足士族阶层肯定对美是有追求的。

就像西方在万圣节，会有蝙蝠的元素，但中国人对蝙蝠的理解不太一样。蝙蝠代表福，放八个蝙蝠在图案里，寓意八面来福、四季平安、四方长寿。蝙蝠这个概念其实很另类，西方人觉得中国人把蝙蝠都吃了，很新潮，这就是文化的差异。其实这就是东方和西方文化最大的差别，我们把很多象形的动物、故事题材，都放在了点心中，而西方人不会像中国人这样去表达。

其实在这种状态里面，我们就可以看到中国人的心思很细腻，表达的情绪也很含蓄。点心甚至也可以称为奢侈品，因为当时不是普通人能吃得起的。文化的影响，一定是从贵族开始传播。我们看到现在汝瓷也是皇家文化，宋徽宗喜欢的汝瓷，引起了更多人的追求，文化也是一样，都是自上而下。

王　光：我看了很多模具，发现它们材质不同、大小不同、制式不同，有一些没有堂号，也就是说它渗透到了每个家庭、每一个家族里。

于进江：模具为我们保留了一种中国人的优雅、从容的生活，这种生活是我们从文献资料里发现的。前几天我邀请了一位嘉宾——云上道长一起交流，他说中国常说的色香味形应该增加一点，就是“意”。色香味形意，“意”表达的是“意图”，这恰恰是中国文化最重要的组成部分。你没有“意”给它，其实它是没有意义的。

主持人：确实，模具为我们中式点心的发展提供了很多的素材，不管是从文化挖掘方面，还是从市场、未来的展望方面。周总您听了这么多信息之后，是什么样的感觉？

周种林：对行业更加信心满满。未来，我们应该做更精致、更有意义的产品；通过模具，要深思、挖掘中国传统的一些正能量。

老字号，其实就是缺少两个字，创新。有些老字号品牌，它很安逸，很少从中国大的方向、大的角度来看中式点心行业的瓶颈。未来 5—10 年，希望能出现代表中国标准、中国符号的老字号，能够成为全国知名的伴手礼品牌。我们有责任让外国人知道，吃点心，他吃的是中国文化，吃的是从外渗透到内心的情怀、情感。把点心做成一个中式的手信，让外国人接受中式点心，包括中国的青团子、汤圆等等，这需要我们一起去努力。

于进江：云上道长也提到日本点心里有一个标准，是对甜度的标准。这个甜度的标准是什么？就是柿子的甜度标准。日本人是以柿子糖分的多少，来衡量菓子的甜度，在那个标准之内，就是最美好的状态。我认为这是非常值得我们去学习的。

主持人：讲到中式点心的机遇问题，我觉得这次展览功不可没。无论中式点心未来发展到什么阶段，这个展览真的是一个开始，为行业的从业者，为我们的大众，展现中式点心的文化和美。我也想请各位从不同角度对这个展览谈谈自己的一些看法。

赵法忠：从现在社会的发展、中式点心的现状来看，我认为展览可以作为一个引领，提醒大众关注我们的传统文化。这次展览不仅从文化上，更深层的从灵魂上，引起我们业界、普通消费者，特别是年轻人的理解和关注。以此为起点，我们可以融合整个中式点心未来的发展方向。不仅仅涉及风格，更涉及历史的文化和灵魂，把这些东西挖掘出来，并有效整合之后，才能形成初步的品牌效应。这是个历程，必须得这么做。这样，才会有我们国家的文化自信。

周种林：它其实是阶段性的，目前这个阶段，中式点心市场、品牌形象、客户评价，整体都在慢慢提升。

王　光：这次模具展，从意义来看的话，是个全景式解读，甚至可以定义成继往开来的一次展览。习主席说讲好中国故事。那中国故事是什么呢？中国故事在哪里？传统在哪里？

每个模具里边，既有主人的思想，有创作者的思想，也有对文化的继承和表达的寓意。

我们透过模具看到了很多故事：它既有想表达的故事，也有为了表达当时的状态而创造的故事；更有我们拨开历史，从当代人的视角，给它的想象和解读。

讲好中国故事，就是这样一级一级地展开，这就是这次展览真正的意义。

无论是从业人员，还是资本投入方，或是艺术创作者等各种群体的加入，都是要让我们的文化走出去。文化是靠一个又一个的符号来表达的，而点心是重要的符号。

主持人：谢谢大家给了这次展览一个很高的定位——继往开来。我们从一块一块的点心模具中，看到了古代点心的丰富文化。虽然点心只是一个小小的食品，但里边蕴含了丰富的生活美学和智慧，包括我们的礼仪。

我觉得中国点心的这个机遇，显然现在已经来到了，但未来真正要怎么走，我们所选择的方向，我们实现的途径，故事接下来怎么去写，要靠这个领域的从业者。

绘画作品
尺寸:461cm × 140cm

【希望】创意设计理念

通过对大家熟知的艺术作品《最后的晚餐》的再次创作，带领大家回到饮食与食物这一永恒的主题，透过画面中福禄娃形态各异的艺术形象，映射现实生活中的每一个中国人。我们虽然在不同的时节对吃某种食物还保有传统，但我们可能早已忘却其中的文化，如果现在不借助点心这一传统文化的纽带回溯我们的文化，可能我们吃的就是最后一顿晚餐；如果我们看到点心对我们的启示，就像画面盘中象征繁衍与生生不息的石榴一样，我们对传统文化的传承与发扬还有一线希望。

后 记

在计划出这本书的时候，刚好结束了为期八天的 798 活动展览。原本只是想把整个展览过程和期间的交流心得做一次总结，但当我拿起一块块模具时，越来越觉得每一块模具都有自己的故事，这些故事诉说着历史、展示着自然更迭、演绎着各地民俗的丰富多彩和传承变化。想到这些，我便不能满足于把这本书做成“活动总结”。我倒是觉得，出这本书应该是一次对生活态度的总结与探索，或者说，是对一些世事人情的认知吧。

记得小时候，我喜欢收集古代钱币，尤其是中国的厌胜钱币。那些丰富的图案内容、奇特的造型，让我产生了极大的兴趣。2015 年，我来到北京，得力于文化优势，我有幸收集了近 1000 个石刻狮子，从汉唐到现代，完整记录了中国的民俗历史。正是受到这两次收藏的影响，才有了这些点心模具的收藏。其实，对于点心模具这种东西，大多数人是不愿意关注的，觉得没有太大的商业价值，但我不这样认为。中国是一个极其讲究吃的民族，千百年来形成了博大精深的饮食文化，其中最为精彩的莫过于点心文化。说到点心，不得不说到模具，但模具本身并没能引发收藏者们的关注和研究。我想，大概一方面是因为模具本属生活寻常之物，并不金贵；另一方面，也是因为其功能性之强，常常让人忽视它的内容和美感。

作为设计师，同时作为一名收藏者，我本能地会关注到模具里面的图案造型。另外，这些模具背后的历史渊源也深深吸引着我。从看似普通的福禄寿喜的刻字，到一个寿桃的形象，再到意想不到的兽形、丰富的故事刻画……每一块点心模具，都在讲述一段历史、呈现一种地域民风。每拿到一块模具，我都会非常好奇这些图案代表着什么内容，古人为什么要吃这样造型的点心，又蕴含着怎样的情感和期冀。正是这种好奇心，使得我搜集的题材越来越广泛。

随着模具数量和题材的增多，我开始思考，如何能让这些看似平常的模具，更好地展现美学价值，让人们更多地了解中国传统文化。这也是我做这本书时思考的重要内容。我希望从设计师、收藏家的角度去思考，如何更完美地呈现每一块模具背后的故事，包括与我们的生活方式、传统节日、节庆、习俗及二十四节气之间的结合。这种思考既是对自己收藏的模具的一次整理汇总，也是对更多有兴趣研究这件事情的人的一次引导，我相信未来会有更多不同领域的人，会因为这本书开始喜爱和关注中式点心。

编写这本书的整个过程颇费周折，我们查询了很多相关的历史资料，也通过一些朋友，了解到了不同地域的很多风俗习惯。但即便如此，依然会有遗漏及不确定性，所研究的内容也未必周详，也使本书略有遗憾。

整创作过程中，首先，非常感谢的就是团队里的小伙伴们。从模具分类整理，到布景拍摄、编写文字，接连不断的通宵，每个人都全身心投入。其次，这些模具搜集自全国各地，要感谢各地藏友们对我的支持，感谢大家帮我收集到这么多不同地域、题材和材质的模具。再次，感谢著名作家贾平凹、著名财经作家吴晓波、小罐茶创始人杜国楹、广誉远董事长郭家学、广东省中医院副院长杨志敏、广东省中医院党委副书记胡延滨、北京大学赵为民教授、民俗历史专家佟鸿举、周口师范学院美术学院院长吴京埗、北京理工大学博士赵娟、北京 798 悦 · 美术馆创始人王飞跃、艺酷创始人非飞、云上道长、北京天意坊餐饮管理有限公司董事长王越、全国劳动模范李高峰、我的美术导师刘华、中国插花传承者孙可、漫域网市场部负责人空藏、京城独立公关人佟佳金蔓、中华炎黄文化研究会砚文化发展联合会副会长黄海涛、九麦传媒集团董事长聂凡鼎、中式点心资深制作人周种林、2008 年北京奥组委成员王光、中国食品报社信息中心副主任赵法忠、澳门大学博士白鹿鸣、太极茶道第七代传承人银汉晴先生、广西师范大学出版社集团有限公司文艺图书出版分社社长罗财勇、北京融壹文化创意有限公司齐红和王晓华，以及在工作上大力支持我的同事邸伟、许俊，对于本书工作的支持与关注。

特别鸣谢著名作家贾平凹老师为本书题字，著名财经作家吴晓波老师及吴晓波频道对本书的推荐与支持。

书中参考了有关专家、学者出版的著述，在此一并致谢。这本书尚属传统生活美学的探索与探讨，意在抛砖引玉，希望拙文和美图为读者带来美的感受和思考。书中若有不妥之处，恳望众方家不吝赐教。

美的东西总会让人感动，经过岁月沉淀的历史的美，更值得穿越历史来反复回味。

于进江

2018年夏，北京，于小菓

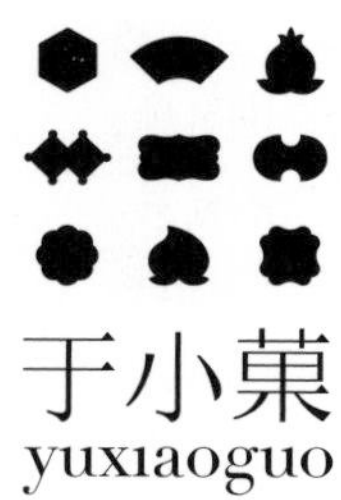

于小菓
yuxiaoguo

新中式精品点心
Innovative and Delicious Chinese Pastry

于小菓荣誉出品

小点心　大文化

书名由著名作家贾平凹先生题写

编著: 于进江
策划统筹: 许　俊　李北寒
文字编辑: 李北寒
版式设计: 白云龙　孙洪刚
摄影: 隋继洋
场景布置: 秦　冲　周彦超
邮箱: miti@yuxiaoguo.com
电话: 4001-888-988
地址: 北京市朝阳区高碑店1区31-1
网址: www.yuxiaoguo.com

小点心 大文化
XIAO DIANXIN DA WENHUA

出版统筹：罗财勇
责任编辑：黄珊虎
助理编辑：唐 娟
美术编辑：陆润彪
责任技编：伍先林

图书在版编目（CIP）数据

小点心，大文化 / 于进江编著. —桂林：广西师范大学出版社，2018.8（2019.3 重印）
ISBN 978-7-5598-1040-3

Ⅰ. ①小… Ⅱ. ①于… Ⅲ. ①糕点—模具—文化—中国 Ⅳ. ①TS971.29

中国版本图书馆 CIP 数据核字（2018）第 151800 号

广西师范大学出版社出版发行
（广西桂林市五里店路 9 号 邮政编码：541004
网址：http://www.bbtpress.com）
出版人：张艺兵
全国新华书店经销
珠海市豪迈实业有限公司印刷
（珠海市香洲区洲山路 63 号豪迈大厦 邮政编码：519000）
开本：787 mm × 1 092 mm 1/16
印张：23.25 字数：430 千字
2018 年 8 月第 1 版 2019 年 3 月第 2 次印刷
印数：5 001~8 000 册 定价：158.00 元